中国高等教育学会工程教育专业委员会新工科"十三五"规划教材

设计思维与创业实践

设计师创业生存手册

DESIGN
THINKING AND
ENTREPRENEURIAL
PRACTICE

黄 琦 任文永
徐文彬 张克俊 著

ZHEJIANG UNIVERSITY PRESS
浙江大学出版社

图书在版编目（CIP）数据

设计思维与创业实践 ：设计师创业生存手册 / 黄琦
等著 . — 杭州 ：浙江大学出版社，2021.8
 ISBN 978-7-308-20986-1

 Ⅰ. ①设… Ⅱ. ①黄… Ⅲ. ①人-机系统-系统设计
-创业-手册 Ⅳ. ①TP11-62

 中国版本图书馆 CIP 数据核字(2020)第 264868 号

设计思维与创业实践——设计师创业生存手册

黄　琦　任文永　徐文彬　张克俊　著

责任编辑	吴昌雷
责任校对	王　波
封面设计	苏　焕　周　灵
出版发行	浙江大学出版社
	（杭州市天目山路148号　邮政编码310007）
	（网址：http：//www.zjupress.com）
排　　版	杭州朝曦图文设计有限公司
印　　刷	杭州高腾印务有限公司
开　　本	710mm×1000mm　1/16
印　　张	9.75
字　　数	177千
版印次	2021年8月第1版　2021年8月第1次印刷
书　　号	ISBN 978-7-308-20986-1
定　　价	35.00元

序

PREFACE

受浙江大学黄琦老师和深圳前沿产业设计研究院任文永先生委托,为他们合著的《设计思维与创业实践》作序。认识两位作者已久,自当欣然接受,能够先读为快,亦是幸事。

当设计学研究内容不断丰富、设计理念不断渗透到各个行业领域的时候,寻找设计思想和实践方法的共性就成了必然的趋势和必要的任务。著作第一、第二章对设计思维概念的解读,涉及经典学术思想、关键人物、支撑设计思维发展的产业背景和设计教育等方方面面,精炼地概括了围绕设计思维的哲学思想和产业发展的脉络,也为系统研究设计思维的学者提供了诸多重要的学术线索,是一本值得认真研读的优秀著作。

设计思维(Design Thinking)关注的是不同领域设计实践活动的思维共性特征,以及设计思维区别于科学、工程等领域思维的特殊性。围绕设计思维的理论研究和教育实践由来已久,卡内基梅隆大学1985年开始,由设计、工程和商学院联合开设的整合新产品开发课程和方法体系对设计思维理论和实践的发展贡献意义深远;斯坦福大学和IDEO的合作则在设计思维的推广中发挥了更为重要的作用。略显遗憾的是,在D-School大力倡导设计思维的时候,出于传播效果的要求,很多重要的思想被结构化,或者说流程化、工具化。被结构化的设计思维,往往只关注了对设计实践活动(Doing)的一般规律的归纳总结,而没能触及实践活动的思想本质。这也间接导致了很多从未从事设计理论研究或设计实践的人,试图通过几天的流程和方法培训,成为所谓的设计思维教练,贩卖他们从未真正理解过的设计思维。该书第二章也同样关注了结构化设计思维的局限性,虽未有充分展开讨论,但却是值得每位读者更加深入地去理解和探讨的话题。

本人从 2000 年开始，在卡内基梅隆大学跟随布坎南（Buchanan）、沃格（Vogel）和卡根（Cagan）教授学习设计思维，并有幸参与了凯斯西储大学发起的"管理就是设计"学术运动，2011 年底回到内地，在江南大学倡导整合创新设计教育，其理论基础就是围绕设计思维的哲学思想。并非像很多人想象的那样，整合创新设计教育只是通识教育，没有核心能力的培养。当我们努力尝试让设计学科培养的人才能够服务于不同行业、从事不同岗位工作的时候，就应该意识到普适性将是设计师的一项重要能力。普适性并不是有了设计思维概念之后才出现的设计学科人才培养的理念，传统的工业设计教育同样要求工业设计师胜任诸如交通工具、家具、家电等多个不同行业的工作。普适性更不是蜻蜓点水式地接触各种知识，而是在不同商业、社会语境和技术条件下，合理建构问题、设置目标、探求解决方案、传播设计价值的一种通用能力。在这一系列相互关联的设计活动中，虽然决策内容不同，但都透射着传统管理和工程方法不能有效应对的设计问题的诡异特征，亦称抗解性。通过立场选择（比如说，以用户为中心、以人为本或生态可持续原则）应对诡异问题不确定性的策略，是设计师广泛、深度参与社会、经济生活的核心能力，体现了设计思维在所有人造活动中的共性技术特征，也是整合创新设计教育中的设计思维训练的重要一环。

由于地区间工业化进程的不平衡，欧美国家更早地关注设计思维也是符合理论来自实践的一般规律的。近年来，国内大量学者开始关注设计思维，一方面是学习西方的经验，也是中国经济活动转型对创新设计提出的新的要求。真正理解设计思维，绝不是单纯的学术研究，在实践中运用设计思维是理解其作用和局限性的必要途径。著作第四到第七章的深度案例分析，很好地结合了两位作者扎实的理论基础和丰富的实践经验，可以很好地帮助读者理解设计思维抽象的理论和共性的方法。

相较于其他很多介绍设计思维方法或工具的书籍、文章，黄琦老师和任文永先生的《设计思维与创业实践》一书，有作者自己清晰的理论线索，案例分析透彻，是高校师生或职业设计师了解设计思维，获得学习和研究灵感难得的佳作。

感谢两位作者对本人的信任！

辛向阳

同济大学长聘特聘教授

XXY Innovation 创始人

目 录

CONTENTS

第 1 章

从设计到设计思维

1.1　深刻影响着人类生产生活的设计

1913年4月1日,福特汽车引入流水线生产方式大规模生产T型车,使T型车原本繁杂的生产过程简化为84道工序,实现了规模化生产。这一革命性的创举使得福特汽车短时间内建立了强大的竞争力,形成了整个规模化工业生产的现代管理体系雏形,也深远地影响了汽车行业甚至20世纪的全球制造业格局。

整整6年后,1919年4月1日,包豪斯设计学校正式招生,但是,这所学校仅仅存在了14年,于1933年8月10日关闭。虽然时间不长,但却被设计史研究者们认为——是现代主义设计的鼻祖,影响了世界现代设计教育。这所学校提出了以实用和功能为特色的教学理念,区别于当时流行以繁杂和华丽为主要特征的古典艺术。包豪斯的设计教育体系至今依然影响着大量中国高校的设计教育,甚至有些课程依然按照包豪斯当时的课程体系来设置,尤其是设计基础课程。

在20世纪初的大工业化生产体系的背景下,设计是作为工业化生产体系中的一个环节,服务于整个工业生产体系的运作。以机器大生产为特征的工业时代塑造了人类目前主流的生产与生活方式。在人类社会的工业化进程中,根据机器工业大生产对效率的追求,自然而然地进行了职业的细分,如机械工程师、电子工程师等。而设计作为一项职业,也在工业化生产的背景中被细分为产品设计师、服装设计师、室内设计师、建筑设计师、图形设计师等,其中某些行业由于规模巨大、特征明显而吸引了大量的设计从业人员,从而形成了更加细分的职业设计师,如玩具设计师、家具设计师等,职业特征进一步被强化。这个阶段,设计师主要的工作内容是"造物",重点在于产品的功能、造型、色彩及材料应用等。

丰富的产品极大地满足了人类社会的生活和生产需求,也深刻地影响着人们的生活方式。

中国科学院院士、中国工程院院士、浙江大学工业设计专业倡议者路甬祥先生认为,如今,人类已经开始逐步从工业时代进入知识网络时代,即设计 3.0 时期[1]。此时的设计全面关注个体、社会、生态、文化等多重因素,强调知识网络时代绿色设计、智能、全球网络、个性化与可分享、和谐协调等特点。时代的变革和行业的变化,对设计师的工作内容产生了重要影响,也带来了新的机会,著名设计学者辛向阳教授在设计领域提出"行为逻辑"的重要概念[2],指出了行为、体验和服务等是新的设计对象。在设计 3.0 的时代语境下,面向大规模工业化生产而出现的设计专业划分,逐渐限制了设计师们的设计实践活动。同时,面对社会发展的趋势及新的设计对象的不断涌现,需要什么样的设计教育和设计师? 要回答这个问题,必须重新思考一个问题:什么是设计?

1.2　作为一种职业的设计及趋势

1985 年,哈佛大学商学院迈克尔·波特教授提出了价值链理论[3],他认为"每一个企业都是在设计、生产、销售、发送和辅助其产品的过程中进行种种活动的集合体,所有这些活动可以用一个价值链来表明。"

自改革开放以来,工业化起步,处于开放前沿阵地且制造业发达的珠三角地区,开始出现各类设计公司。设计,开始作为一种具有独特技能的职业,作为大工业生产体系中的一个环节,服务于社会整个工业生产。世纪之交,中国加入 WTO,进入全球化贸易体系,中国的工业化进程进一步加速,制造业对"设计"的需求开始出现增长,使得设计公司开始大量涌现,这一现象在享受加入 WTO 红利期的长三角和珠三角城市群尤为明显。此时,具有"一技之长"的设计师,像律师、会计等职业一样,作为企业价值链中的一环,作为一种必要的竞争要素,服务企业的生产经营,只是初期多以独立公司的形式存在于企业外部,就像律师和会计事务所一样,一部分慢慢地以部门的形式存在于公司内部。扎比内·茨欣赫尔(Sabine Junginger)提出了设计与组织的四种关系[4],如图 1-1 所示,一方面说明了设计对于组织的重要性,另一方面说明四种不同关系中设计的内涵是不同的。如图 1-1 中最右侧显示,能够全面渗透到组织的"设计",绝不是设计技能,而是面向问题、解决方案导向的设计思维。这也是设计范畴扩大、设计思维越来越受到其他不同学科领域关注的重要原因。

外部资源	非核心部门	核心要素	整合功能
设计作为企业的外部资源，设计思维等工具与方法无法连续的在企业中发挥作用，设计只能有限的作为企业解决产品造型设计和视觉设计等传统问题。	设计作为企业的一部分。设计思维等工具与方法在一定程度上在企业内部发挥作用，比如特定的产品和服务系统的开发等。	设计作为企业的核心部门。设计思维等工具与方法被明确地置于企业核心地位，并被应用于整合产品和服务系统的开发，以及设计与品牌战略规划中。	设计成为全面融入企业的基因。设计思维等工具与方法成为企业决策层解决企业面临的各类问题，并提出整合性解决方案的有效方式。

图1-1 设计与组织的回冲关系

另外，以全球的工业化发展过程为背景，将设计的发展过程与管理进行对比，有许多相似之处。比如，泰勒主义时代的科学管理及更早期的研究及实践专注效率，人往往被视为生产流水线上的工具，服务于工业化大规模生产，统一规范，形成标准，以生产效率最大化为目的。同样，从工艺美术运动，到以包豪斯为代表的现代设计运动，再到后现代设计的兴起，设计也经历了从"以机器为本"到"以人为本"的过程。

一般认为，广义的工业设计包含产品设计、视觉传达设计、环境设计等，所以我们这里的设计一般指广义的工业设计。自1970年以来，世界工业设计协会对工业设计所做定义的变化，可以从中看出设计职业范畴及学科内涵的变化，"以人为中心"的理念，越发的突出，这也是设计的核心。国际工业设计协会IC-SID（International Council of Societies of Industrial Design）关于工业设计的定义变化如下：

1970年："工业设计，是一种根据产业状况以决定制作物品之适应特质的创造活动。适应物品特质，不单指物品的结构，而是兼顾使用者和生产者双方的观点，使抽象的概念系统化，完成统一而具体化的物品形象，意即着眼于根本的结构与机能间的相互关系，其根据工业生产的条件扩大了人类环境的局面。"

1980年："就批量生产的工业产品而言，凭借训练、技术知识、经验及视觉感受，而赋予材料、结构、构造、形态、色彩、表面加工、装饰以新的品质和规格，叫做工业设计。根据当时的具体情况，工业设计师应当在上述工业产品全部或其中几个方面进行工作，而且，当需要工业设计师对包装、宣传、展示、市场开发等问题的解决付出自己的技术知识和经验以及视觉评价能力时，这也属于工业设计的范畴。"

2006年：设计是一种创造活动，其目的是确立产品多向度的品质、过程、服务及其整个生命周期系统，因此，设计是科技人性化创新的核心因素，也是文化与经济交流至关重要的因素。

2015年，国际工业设计协会(ICSID)更名为世界设计组织(WDO)，重新对工业设计做了定义："工业设计是一个策略性解决问题的过程，推动创新，建立企业的成功，借由创新的产品、系统、服务和体验，进而增进更好的生活品质。"它是一种跨学科的专业，将创新、技术、商业、研究及消费者紧密联系在一起，共同进行创造性活动、并将需解决的问题、提出的解决方案进行可视化，重新解构问题，并将其作为建立更好的产品、系统、服务、体验或商业网络的机会，提供新的价值以及竞争优势。工业设计是通过其输出物对社会、经济、环境及伦理方面问题的回应，旨在创造一个更好的世界。由此，创新、商业成功、更好质量的生活成为好设计的主要评价标准。

1.3 被忽视的设计思维

设计就是将某种状态改变成一种更理想的状态而计划和实施的系列行为[5]。1975年图灵奖和1978年诺贝尔经济学奖得主、著名经济学家、计算机科学家和心理学家、卡内基梅隆大学教授赫伯特·西蒙(Herbert Simon)，曾经在1969年出版的《人工科学》一书中对设计做了如上定义。非设计专业背景出身的西蒙对设计所做的定义，让大众及传统行业的设计师们对设计的认知跳出了传统的"视觉图形""产品造型"，直面"问题"，指向的是"人追求更理想的生活"这一需求本身。设计的核心是设计思维，而非"画图"等设计技能。英国著名设计教育专家、《设计研究》(*Design Studies*)前主编奈杰尔·克罗斯(Nigel Cross)教授通过大量实证研究找到了设计师解决问题的方式与过程，并提出了"人人都是设计师"的理念，指的是人人都具有设计思维，缺乏的只是设计技能[6]。机器大工业化生产这一时代背景下，企业通过提高产品开发效率而参与市场竞争，因此，传统的设计教育更关注设计技能，忽略了设计思维的培养。

初期的工业化时代并没有以人为中心的设计意识，企业奉行效率至上。设计更多的是被视作一种竞争手段，作为价值链中的创造的一个环节，设计服务于工业化、标准化、模块化生产，追求效率适应市场竞争需求，并有了朴素的生态设计意识。随着技术、经济和社会环境的改变，人类从追求"公民和政治权"到"经济和社会权利"，再转变到"文化权利"，人的尊严和人的权利意识逐渐觉醒，"以人为中心"的理念逐渐被人关注,设计开始转向强调为人服务[7]。

一直以来,人们对设计的讨论都是基于现有的商业与管理的语境。回顾半个世纪以来管理学科的发展历程,以及商业系统甚至世界金融体系,无一不是人为塑造的结果。正如赫伯特·西蒙在《人工科学》中所言,这些都是人类为了追求更理想的生产生活状态而创造的"人为世界",这种过程就是设计。

美国著名风投机构凯鹏华盈(KPCB)发布的《科技中的设计(2016年度报告)》数据显示(见图1-2):自2004年起,全球总共有42家知名设计公司被来自各类不同行业的大型企业收购,收购方包括谷歌、IBM和脸书等科技巨头,埃森哲和德勤等顶尖管理咨询企业,这类收购行为在近3~5年更为集中,而且同一个收购方收购的设计公司不止一家。

科技中的设计并购活动时间线 | 版本2.0

2004 – 2012	2013	2014	2015		2016
■ 伟创力 FLEXTRONICS +收购 青蛙设计公司 2004	■ 脸书 FACEBOOK +收购 Hot Studio 2013	■ OCULUS / 脸书 FACEBOOK +收购 Carbon Design 2013	■ 脸书 FACEBOOK +收购 Teehan+Lax 2015	■ AIRBNB +收购 lapka 2015	■ PIVOTAL +收购 Slice of Lime 2016
■ MONITOR +收购 DOBLIN 2007	■ 埃森哲 ACCENTURE +收购 Fjord 2013	■ 谷歌 GOOGLE +收购 Gecko Design 2014	■ BBVA +收购 Spring Studio 2015	■ COOPER *合并 +收购 Catalyst 2015	■ IBM +收购 Resource/Ammirati 2016 +收购 ecx.io 2016 +收购 Aperto 2016
■ 黑莓公司 RIM +收购 TAT 2010	■ SHOPIFY +收购 Jet Cooper 2013	■ CAPITAL ONE +收购 Adaptive Path 2014	■ 麦肯锡 MCKINSEY +收购 Lunar Design 2015	■ SALESFORCE +收购 Akta 2015	■ KYU COLLECTIVE *minority +少量入股 IDEO 2016
■ 脸书 FACEBOOK +收购 Sofa 2011	■ 德勤 DELOITTE +收购 Banyan Branch 2013	■ 埃森哲 ACCENTURE +收购 Reactive 2014	■ CAPITAL ONE +收购 Monsoon 2015	■ 埃森哲 ACCENTURE +收购 Chaotic Moon 2015 +收购 PacificLink 2015	■ 凯捷 CAPGEMINI +收购 Fahrenheit 212 2016
■ GLOBALLOGIC +收购 Method 2011	■ INFOR +收购 Hook & Loop 2013	■ 德勤 DELOITTE +收购 Flow Interactive 2014	■ WIPRO +收购 DesignIt 2015		■ 德勤 DELOITTE +收购 Heat 2016
■ ONE KING'S LANE +收购 Helicopter 2011	■ 谷歌 GOOGLE +收购 17FEET 2013	■ 普华永道 PWC +收购 Optimal Experience 2014	■ 安永 ERNST & YOUNG +收购 Seren 2015		
■ 谷歌 GOOGLE +收购 Mike & Maaike 2012	■ 谷歌 GOOGLE +收购 Hattery 2013	■ 毕马威 KPMG +收购 Cynergy Systems 2014	■ 德勤 DELOITTE +收购 Mobiento 2015		
■ 脸书 FACEBOOK +收购 Bolt Peters 2012		■ 波士顿咨询公司 BCG +收购 S&C 2014	■ FLEX *医疗设计 +收购 Farm Design 2015		
■ SQUARE +收购 80/20 2012					
■ 谷歌 GOOGLE +收购 Cuban Council 2012					

目2004年起,总共有42家设计机构被收购。其中约50%是最近一年被收购活动最频繁的埃森哲(Accenture)、德勤(Deloitte)、IBM和脸书(Facebook)收购。

Design in Tech | KPCB

图1-2　科技中的设计(2016年度报告)

所有被收购的设计公司,都不是传统的提供设计服务的机构,其核心业务包括设计和战略咨询等,都强调设计思维的重要性,尤其是利用设计思维在市场和用户洞察方面的优势。越来越多的企业开始认识到设计所带来的商业价值,一方面说明设计思维能够帮助管理决策者系统性地思考商业本质——价值创造;另一方面说明传统的商业与管理体系也正面临着新的挑战,设计思维能够帮助决策者建立差异化竞争优势。

著名设计学者理查德·布坎南教授认为,20世纪初的管理与组织理论的发展,本质上就是设计思维发展的重要分支,即基于广泛的目标而寻求改变组织结构和提高组织管理效率的方法。他认为设计一直存在，设计的概念在半个多世纪前已经被明确定义，只是随着管理学领域的快速发展，设计能力的普遍性未被重视，设计思维及其更大的价值创造被忽略了[9]。相对而言，传统管理学却是培养面向完整商业体系的"全才"，在传统的商业环境里，比设计专业人才更容易成为企业的管理者。

2002年，凯斯西储大学魏德海管理学院举办的"管理即设计"（Managing as Designing）为主题的会议；2004年，纽约大学斯特恩商学院举办的"组织设计"为主题的会议，都是试图探讨商学和管理学领域的新的趋势，探索设计思维在管理和组织过程中的角色，得到了关注前沿思想及设计和管理交叉领域的学者的强烈关注。辛向阳教授一直在通过理论与实践行动，研究设计思维相关的方法论与工具包，推广和普及"大设计理念"，推动设计学科的发展。相信不远的将来，在国内外设计学前沿领域学者们的研究和推动下，设计思维一定为会引起更多的重视，发挥其应有的价值创造。

1.4　设计思维洞察创业机会

设计思维一词出现于20世纪50-60年代兴起的设计方法运动，被作为一种创造性解决问题的方法。美国斯坦福大学机械工程和商业管理教授John E. Arnold的《创造性工程》（1959）和英国皇家艺术学院教授布鲁斯·阿彻（L. Bruce Archer）的《设计师的系统性方法》（1965）最早对设计思维进行详细的专业介绍。20世纪60-70年代，来自工程、建筑、产品系统和工业设计等不同领域的Morris Asimow、Christopher Alexander、John Chris Jones 和 L. Bruce Archer 等欧美学者，展开了大量的设计方法相关的研究，核心内容是设计师在解决问题过程中的独特视角、方法和流程，本质上就是探讨设计思维。兴起于80年代的"以人为中心"的设计理念，进一步完善和加深了设计思维的理论基础，影响广泛的是美国麻省理工学院城市规划教授Donald Schön的《反映的实践者》，提出了包括设计师在内的实践者解决不确定性问题过程中所体现出的直觉等特质。

1991年，荷兰代尔夫特大学首次举办"设计思维研究"研讨会。整个20世纪90年代，除了学术界的学者对设计思维持续开展研究的同时，由美国斯坦福大学教授创办的设计公司IDEO，是为数不多的提出基于设计思维的设计流程和方法。随着对设计思维研究的日趋成熟，影响力逐渐扩大，引起了商学院的学者们极大的兴趣，以Tim Brown和Roger Martin为代表的商业创新领域的学者将设计思维作为方法和工具引入商业创新领域并展开实践。此后,IDEO在Tim Brown带领下,提出设计思维五步法(见图1-3),即"理解用户-定义问题-构思想法-设计原型-测试检测",并将设计思维总结为:一种以人为中心的创新方法,它能够利用设计师视觉化呈现的工具,有效地整合人的需求和技术的可行性来达成商业成功。

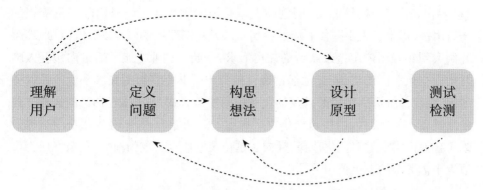

图1-3 斯坦福大学哈索普莱特纳设计学院(D.school)的设计思维五步法(作者自绘)

　　斯坦福大学哈索普莱特纳设计学院(D.school)将设计思维进行结构化梳理并凝练成简单易懂的五个步骤,加之IDEO公司成功的商业运作和广告推广,设计思维被越来越多的互联网企业设计师广泛地运用于软件类产品的设计开发中。软件类产品开发的迭代速度非常快且成本低,这种以快速迭代为理念的设计思维方法非常适用,然而硬件产品及系统迭代的速度较慢且成本代价更高,整合创新设计理念及相关的方法和工具更受欢迎,比如美国工业设计师协会前主席克莱格·佛格尔(Craig Vogel)教授等提出的整合新产品开发方法(iNPD,integrated New Product Development)更适用于硬件、软硬结合产品及产品服务系统的设计开发。

　　设计思维与整合创新设计,都是一种以用户为中心的方法论,在实际的应用过程中,根据不同的目标及阶段,会整合运用各类不同的工具。两者具有异曲同工之处,均以理解并洞察用户需求为起点,最终以产品、服务或产品服务系统等解决方案作为产出,满足用户需求,实现商业价值或社会价值。

　　所有的创业行为的基础都应该是深刻理解和洞察用户需求,不管是行业用户的需求(to B),还是个人用户的需求(to C)。因此,所有创业者在出发启程前,都应该反复思考,并且问自己两个问题:(1)如何洞察用户的真正需求?(2)如何定义能够满足用户需求的产品、服务或产品服务系统? 如果将创业比做大海远航,那么创始人就是掌握航行方向和带领船员前行的船长。第一个问题是确保船的方向是对的,哪怕一开始航向偏航,也要快速转向,即保证做对的事情;第二个问题是确定用什么样方式前行并抵达彼岸,不管是帆船还是油轮,即把事情做对。这两个创业的核心问题,也就是设计思维中的"理解需求"、"定义问题"、"构思想法"三个重要步骤要达成的重要使命。

Airbnb两位设计师背景的创始人就是因为刚毕业工作时面临房东涨租的压力困扰,对年轻人出差住酒店的一房难求及高昂费用感同身受,才深刻地理解并洞察到年轻用户出差及旅行的住房需求,开始了创业之旅。通过向年轻人临时出租空余房间的尝试,让他们创造性地提出了共享房屋的在线平台产品服务系统,相比传统酒店集团的自建物业和招商加盟方式,Airbnb轻资产的运营方式使之具备在极短时间内快速聚集空余房屋资源的能力,为年轻的租房用户提供了符合他们需求的多样化选择,轻松超越传统酒店巨头成为独角兽,最终成为市值近千亿美金的上市公司。

1.5　设计思维引领的整合创新设计教育

每一个专业教育体系的建立、成熟及发展,都应该是对时代的反应,即满足广泛的社会需求。新出现的社会需求、更具不确定性特征的宏观经济状况、新兴科技的涌现,为传统设计教育带来了极大的挑战。

在包豪斯时代,包豪斯课程设计中的三大构成、手绘、工艺课都是基于人们需要创造实用和功能性产品,并满足工业化生产的大前提下设计的。包豪斯的学生经过包豪斯教学体系的培养和训练之后,便能做出各种各样的工业化产品,满足社会、时代的需求。在那个时代,包豪斯这套设计教育体系甚至是开创性的。

但是,现代社会的发展已经远非包豪斯时代所能比拟。随着信息技术的普及、现代产品功能的丰富性、结构的复杂性及需求的多元化,远非包豪斯时代设计师们面对的设计对象所能相比。以一款成熟的现代白色家电产品为例,它不但需要电子结构工程师设计内部结构,还需要电子电路工程师制作对应的电路板,最重要的是首先要完成产品定义,即产品为"谁"而设计,具备什么样的功能,满足什么样的需求。面对这样的目标,工业设计师独立去完成一款产品的设计,已经是不可能的任务。

面对新的时代背景和消费市场,包豪斯时代的设计教育体系,显然是过时了。因为在那个时代，并没有电子电路，没有编程，甚至产品结构也是非常基础的。所以说，那个时代的产品即是「造型」并不为过。

面对新的社会需求变化，设计教育的变革也从未停止。卡内基梅隆大学，早在20世纪80年代就开始探索整合创新设计教育，将商业、工程和设计三个学科专业的学生进行联合培养，目标是提出整合性新产品或解决方案。设计不再独行，而是与工程、商业同行，彼此相互交叉融合，探索"模糊前期"。在麻省理工学院(MIT)，有一门为"万物(几乎)皆可实现"(How to Make(Almost)Anything)的课程已经持续开展了十几年。这门课程帮助许许多多没有技术经验的学生们在课堂上创造出很多令人印象深刻的产品，如为鹦鹉制作的网络浏览器，保护女性人身安全的配有传感器和防御性毛刺的裙子等。

在这些课程作品中，有一个典型作品："尖叫宝贝"。一名"走进拥挤的人群之中，突然会有想要大叫的冲动"，总是抱着这个奇怪烦恼的学生，制作了这个奇妙的作品。这个包包拥有良好的隔音设计，所以对着这个包包大喊时不用担心造成他人的麻烦，而包包会先将喊叫声录下来，等到让使用者走到不需顾虑周围视线的地方，再将录下的喊叫声播放出来。制作这个作品的凯莉是位雕刻艺术家，而在学习这门课程之前，她对电子电路和编程根本毫无基础，当然她之前也没有理工科的背景与相关素养。但是在经过这短短十四周课程之后，不仅是外装设计，就连产品结构设计、电子线路与编程，她都能独立完成。

麻省理工的这门课到底拥有什么样的魔力？能够让完全没有基础的学生，从零开始，到课程结束时能够独立开发一款全新产品。在 *FabLife* 一书中，可以找到这门课的2010年的课表(图1-4)。通过调研对比发现，近十年过去了，这门课程的课程大纲基本没有变化(见图1-5)。

我们可以看到，这门课程的内容安排非常全面、紧密，基本上每周都要学习全新的内容知识。那为何他们能够保持如此高的学习效率，且保证学生们能够接受？这其中的秘密就在于，他们并不教学太多理论知识，而是让学生们直接开始实践，操作设备、制作电路板，进行练习，并完成阶段性作品。而过多的理论知识，等到他们需要使用时，可以再去学习和补充。这种教学方式，能够让学生面对知识，按需而学、快速迭代的方法，本身也是设计思维在教学方案设计中的重要应用和体现。

我2010年进修的课程表如下：

第1周	9月13日	入门、设计工具的介绍
第2周	9月20日	塑料(纸张)切割机、激光切割机(成型1)
第3周	9月27日	电子线路的设计、切削、组装(安装1)
第4周	10月4日	高压水刀、铣床(成型2)
第5周	10月11日	机器设计
第6周	10月18日	电路和编程(安装2)
第7周	10月25日	3D扫描仪、3D打印机(成型3)
第8周	11月1日	输入装置、传感器(安装3)
第9周	11月8日	制模、铸造、材料调配(成型4)
第10周	11月15日	输出装置、传动装置(安装4)
第11周	11月22日	合成、连接(成型5)
第12周	11月29日	网络与通信(安装5)
第13周	12月6日	期末课题准备
第14周	12月13日	期末课题展示

图1-4　*Fablife*作者2010年进修时课程课表截图

第二周：网页设计、切割机

从这周开始，就进入器材的实际操作阶段。

纸张(塑料)切割机是一种利用矢量数据12来切割西洋纸、日本纸、铜箔、保鲜膜、封印纸、塑料等各种原材料薄板的机器。

而激光切割机则可利用激光对更加厚实的原材料进行加工。对亚克力板、纸板箱、木材、毛毡布等板材进行雕刻等加工，可切割出复杂的形状。同时需要学习的还有网页制作，这门课程要求每一个同学都有一个网页记录和展示自己的课程项目成果。

作业

做一个个人网站(形式不限)，要求包含个人介绍与大作业介绍

小组作业：

详细记录学习的过程，互相交流

个人作业：使用切割机制作一套拼装玩具并记录

第三周：电路板的制作

这周的课题是制作电路。

根据已有的电路图片，对PCB板进行裁切，然后利用线切割机切除铜片的形状。手工作业小心谨慎地进行软钎焊，并焊上去一些对应的原件。基本不允许沿用像"Arduino"这样的现有套装产品。

通常，对入门者来说，电路的门槛较高，但有普及的"Arduino"这种操作简便的电脑套件。不过，这门课却禁止使用它，因为课程要求发挥与众不同的想象力。

作业

个人作业：做一块基础PCB板
小组作业：详细记录PCB板子的设计流程

图1-5　2017年该课课程课表

　　整合创新设计背后的核心概念是设计思维，即以解决方案为导向，模糊设计、工程与商业的学科背景差异，使团队聚焦于用户需求。那么设计师及传统的技能是不是就不重要了呢？答案肯定是否定的。只是社会需求在改变，行业在

变革,设计的对象也在变,那么设计师所需的能力与技能肯定不能一成不变。用基础的计算机编程等技能,把产品的原型快速表达出来,也应该是设计师的基础能力,就像每一个设计师都应该掌握快速草图表现能力一样。可以这样说,快速实现产品原型,是新时代设计师基本的表达能力之一。

包豪斯设计教学体系就是培养学生掌握"造物"及"造出好物"的能力。然而,在现代社会背景下,"造物"能力仅仅是一个设计师所要具备的基本能力,除此之外,还需要设计师具备问题意识,具备提出综合的解决方案的能力。

国内知名的院校中,浙江大学工业设计系与江南大学设计学院所倡导的整合创新设计教育人才培养模式,取得广泛的影响力和教学成果,值得分享。图1-6是浙江大学的D+X人才培养模式,也是通过设计思维的方式进行推演和拓展,最终得到的知识体系树,目标是培养领导型的设计人才。

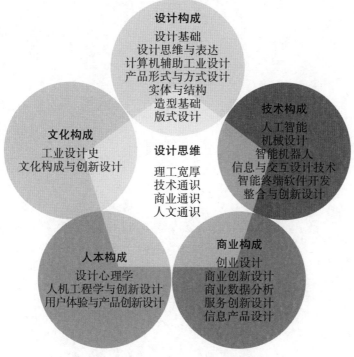

图1-6 浙江大学D+X人才培养模式

时任江南大学设计学院院长辛向阳教授认为,设计师必须要具备解决复杂商业或社会环境中复杂问题的能力,传统的"专业技能型教育"是远远不够的,必需进行严格的思维训练,即主张"社会主题型教育"。辛向阳教授在江南大学设计学院实践的整合创新实验班以培养"能够定义产品或服务,提供整体解决方案,并具备良好团队合作和沟通能力的职业设计师"为目标,是在培养以前沿设计方法和先进技术表达为核心,可以适用于不同行业或领域的新型设计人才,而非培养某一专业领域的专门人才。此设计教育改革项目引起了极大的反响,也得到了国家级教学成果奖二等奖。

第 2 章

CHAPTER 2

设计思维的本质

2.1　设计思维简史

或许大家都有听过设计史的发展,从工艺美术运动、包豪斯一直到现代设计,但是设计史中似乎并没有怎么提到设计思维,它像是凭空冒出来的一样。我们也不知道它是从哪里发源的。但是我们必须从过去的发展方向了解,才能够推断我们未来的发展方向。所以在这里我们一起探索一下设计思维的发展脉络。

2.1.1　实用主义哲学思想流派:设计思维的思想起源

用通俗易懂的话来解释,当代实用主义就是把无用的东西排到后面,把有用的东西排到靠前的一套理论。每个理论、思想和行为都有其实用价值,如果它与客观世界的关联越小,与人的需求的关联越小,它的实用价值就越低,它被考虑的权重就越低。实用主义不去纠结永恒的真理(绝对的真理)是什么,我们只需要根据当前的信息,判断最可能的真理是什么,这丝毫不影响我们做出正确的决定。这种思想体系深刻影响了设计思维。

1.查尔斯·桑德斯·皮尔士:提出溯因推理

查尔斯·桑德斯·皮尔士(Charles Sanders Santiago Peirce)是美国的通才,实用主义学家。1839年生于马萨诸塞州坎布里奇,早年在哈佛大学接受教育,后任教于霍普金斯大学。

他是数学、研究方法论、科学哲学、知识论和形而上学领域中的改革者,他自认为首先是逻辑学家。尽管他主要对形式逻辑做出重要贡献,他的"逻辑"所涵盖的很多内容现在被称做科学哲学和知识论。他被威廉·詹姆士认为是美国当代实用主义的奠基人。皮尔士对于设计思维最大的意义就在于,他把溯因推理引入到了现代逻辑。

溯因推理(abduction),是人类理性通过外展性思维去推断、发现事物因果联系或揭示事物规律的一种重要推理形式。[11]皮尔士认为,溯因推理实质上是理性推理和本能的结合,它其实就是正常人的推理形式,只不过我们时常忽略它。关于溯因推理,会在下一个章节中详细介绍。

2.约翰·杜威:思维五步法,设计思维的雏形

约翰·杜威(John Dewey),1859年10月20日出生于美国佛蒙特州,美国早期机能主义心理学的重要代表,著名的实用主义哲学家、教育家和心理学家。他于1879年毕业于佛蒙特大学,后进霍普金斯大学研究院研究,师从皮尔士,1884年获博士学位,此后相继在密执安大学、芝加哥大学、哥伦比亚大学任教。约翰·杜威与查尔斯·桑德斯·皮尔士(Charles Sanders Peirce)、威廉·詹姆士(William James)一起被认为是**美国实用主义哲学**的重要代表人物,也被视为是现代教育学的创始人之一。

杜威提出,从问题的提出到问题的解决,思维在其中演进有五个步骤,他称之为"思维五步法":

(1)联想:在脑海中形成一种可能的目标方案;

(2)问题:将观察到的困难或疑虑理论化为一个需要解决的问题,即抗解问题;

(3)假设:基于很多已有的情况作为解决此问题的层层假设,并通过观察与其他工作,搜集解决此问题的事实材料;

(4)推理:基于假设进行溯因,判断出需要执行的操作;

(5)测试:用已存在的事实或者设想实验验证此假设。

举例来说,如有人在行路时,忽遇见一条水沟,而想着跨越它(联想);为了安全考虑,此人观察水沟的情形(观察),继而发现此沟很宽,对岸湿滑(事实);然后设想此沟是否尚有较窄的地方(假设),于是上下查看(观察),以便探求究竟(以观察试验商家说);如未发现较狭之处,便另拟一新计划,如发现一条圆木(复为事实),就设想此圆木是否可用作桥梁(复为假设),于是将圆木置于水沟上而越过之(由行动试验及证明)。

这便是杜威所谓的反省思维的五个阶段,是反省思维不可缺少的特征。在实践上,两个阶段可以拼合,若干阶段则历程甚短,一瞥即过。因此,五步骤并非

一固定不变的方式。当视个人的智慧及当时对情境反映的情况而定。

可以看出,杜威主张从事实出发,从存在疑难的问题开始思维活动;通过观察,产生联想,找出待解决的问题,即发现和确定疑难之处;然后在掌握分析材料(通过观察、联想)的基础上提出初步解决这一问题的假设;接着分析推论这一假设能否确立的理由,修改他的假设,得出暂时的结论;然后,再把这一暂时的结论予以检验,应用于问题的解决或解释,经得起实践检验的结论是正确的结论,经不起检验的则是谬说。这一被视为正确的结论在以后的应用之中,又须继续不断地注意情况的变化和结论的修改。

杜威从哲学角度分析了反省思维的特征,这为后来的设计思维的诞生提供了哲学体系上的理论依据。

2.1.2 设计方法运动:设计思维萌芽

第一次有关设计思维的浪潮发生在20世纪60—80年代。这个时期的设计方法运动标志着关于设计过程和方法的持续辩论的开始[12],设计思维也在这场运动中开始萌芽。

设计方法起源于20世纪中叶开发的解决问题的新方法,也为了应对工业化和大规模生产,从而改变了设计的性质。1962年在伦敦举行的"关于工程,工业设计,建筑和通信中的系统和直观方法会议"标志着"设计方法运动"(design methods movement)的开始。这次会议促使设计研究学会的成立,并影响到设计教育和设计实践。英国这一运动的主要人物是曼彻斯特大学的克里斯托弗·琼斯(J. Christopher Jones)和皇家艺术学院的布鲁斯·阿彻(L. Bruce Archer)。

与此同时,德国也在发展新的设计方法,尤其是在托马斯·马尔多纳多(Tomas Maldonado)领导下的乌尔姆设计学院(Hochschule für Gestaltung-HfG Ulm)(1953—1968)。乌尔姆的设计教学将设计与科学(包括社会科学)相结合,并将控制论、系统论和符号学等新的研究领域引入设计教育,布鲁斯·阿彻也在乌尔姆任教。另一位有影响力的老师是霍斯特·里特尔(Horst Rittel),1963年,里特尔搬到加州大学伯克利分校建筑学院,在那里他帮助成立了设计方法小组,一个致力于开发和推广建筑领域新方法的小团体。

设计方法运动最为重要的贡献就是初步建立了"科学的"设计概念和方法。关于科学设计方法的第一本书和关于创造性方法的书也出现在这一时期。

20世纪60年代末,出现了两部颇具影响力但又截然不同的作品:赫伯特·西蒙的《人工科学》和克里斯托弗·琼斯的《设计方法》。西蒙提出了"设计的科学"

作为"关于设计过程的一系列有学识的,分析性的,部分形式化的,部分经验性的,可教导的理论",而克里斯托弗·琼斯在一个广泛的,未来创造的,系统的设计观的背景下,分类了各种各样的设计方法,包括理性的和创造性的。这一时期的重量级人物包括克里斯托弗·琼斯(J. Christopher Jones)、赫伯特·西蒙(Herbert Simon)和豪斯特·里特尔(Horst Rittel)。

1.约翰·克里斯托弗·琼斯:奠基设计方法运动

约翰·克里斯托弗·琼斯(John Chris Jones),威尔士人,于1927年出生在威尔士的阿伯里斯特威斯。他在剑桥大学学习工程学,然后在英国曼彻斯特的AEI工作。他在1970年出版的《设计方法》一书被认为是设计学的主要著作。

琼斯实际上并没有像现在设想的那样处理设计,他提出了一种完全原始的设计哲学,即对设计的宗旨和目的提出质疑的哲学。

20世纪50年代末,琼斯发表了一篇名为《系统设计方法》的文章,阐述了如何将人体工程学数据整合到工程设计过程中,[13]琼斯关于设计方法的新思想是将理性和直觉结合起来——这是设计方法形式化的共同主线,也是其他设计师解释设计方法产生了重要影响。1962年,琼斯是有影响力的设计方法会议的发起者之一,该会议导致了设计研究协会的成立,琼斯于1971—1973年担任该协会主席,2004年,他被授予协会终身成就奖。

2.赫伯特·西蒙:决策模型、大设计定义

赫伯特·亚历山大·西蒙(Herbert Alexander Simon)是20世纪科学界的一位奇特的通才,在众多的领域深刻地影响着我们这个世代。他学识渊博、兴趣广泛,研究工作涉及经济学、政治学、管理学、社会学、心理学、运筹学、计算机科学、认知科学、人工智能等广大领域,并做出了创造性贡献,在国际上获得了诸多特殊荣誉。

西蒙在管理学上有一个非常出名的决策理论,他认为,决策的制定过程包含四个活动:

(1)情报活动:收集足够情报,找出制定决策的根据;

(2)设计活动:罗列和设计出所有可能的行动方案;

(3)抉择活动:在诸行动方案中进行抉择,即根据当时的情况和对未来发展的预测,从各个备择方案中选定一个方案;

(4)审查活动:对已选择的方案及其实施进行评价,决策过程中的最后一步,对于保证所选定方案的可行性和顺利实施而言,又是关键的一步。

大家可以看到,其实西蒙和约翰·杜威的思维五步法的核心流程基本一致,核心理念都是实用主义的哲学思想。西蒙将这种理念结合到组织管理学中,形成系统体系化的方法,创造出了巨大的价值。而西蒙在设计领域最著名的著作《人工科学》(*The Sciences of The Artificial*),从经济学到心理学深入分析了我们设计的人工世界。在一番分析之后,西蒙得出设计的定义:**对人造事物的构想与规划**(conception and planning of the artificial)[5]。可以说西蒙对设计的定义奠定了当今设计的内涵。当今的设计包含了各种各样的设计:产品设计、交互设计、服务设计、公共装置设计、平面设计乃至战略设计、社会设计……其实这种"大设计"的概念起源便是这位西蒙先生。

3. 豪斯特·里特尔:提出"抗解问题"

豪斯特·里特尔(Horst Rittel, 1930—1990),生于德国柏林,设计理论家。1958年起先后任教于乌尔姆设计学院、加州大学伯克利分校、华盛顿大学、海德堡大学和斯图加特大学等学校,主讲产品、建筑和设计方法学等课程。

我们现在会将复杂的设计问题称为"抗解问题",提出这个概念的人便是豪斯特·里特尔。不过当时里特尔研究的领域是政策规划设计,不是形式或者功能的设计,并认为抗解问题是"独特,含糊不清并且没有明确的解决方案"[14]。认为里特尔与西蒙的看法基本是一致的。与西蒙形成轻微对比的是,里特尔认为科学不能解决开放的、不断发展的和模棱两可的问题,他认为解决这种问题需要一种更具创造性的方法。

里特尔接着指出,每个抗解问题都是完全独特的,过程也是如此。也许我们能从里特尔关于抗解问题的知识中得到的最好建议是:不过早确定采用何种解决方案。我们所说的设计思维就是从这种理念中诞生出来的。

2.1.3　设计反思运动:设计思维发展期

设计思维的第二次浪潮发生在20世纪80年代到90年代。设计理论在学术界取得突破性进展后,进入了一个颇有反思精神的阶段,许多学者对设计的认知方面进行了反思:创造性意味着什么,在多大程度上依赖于直觉,过程有多个性化等[26]。

1. 奈杰尔·克罗斯:设计师式认知

奈杰尔·克罗斯(Nigel Cross)是英国学者,设计研究员和教育家,英国开放大学设计研究名誉教授。克罗斯的工作围绕着设计中独特的直觉性进行研究。克罗斯认为,由于隐性知识和本能过程,设计过程是特殊的,他认为设计可以作为一门独立于其他学科(尤其是科学)的学科而独立存在。他认为我们不必将设计套在科学的范式当中,也不应该将设计视为一种神秘的、不可言说的艺术学科。我们需要认识到设计有其独特的知识结构和研究方法,设计师具有与众不同的认知、感知和思考方式[6]。克罗斯帮助阐明和发展了设计思维的概念。

2.理查德·布坎南:普及"抗解问题"

理查德·布坎南(Richard Buchanan)是设计、管理和信息系统教授。目前,他在凯斯西储大学的韦瑟管理学院任教。之前,他是卡内基梅隆大学设计学院的院长。他是《设计问题》[15]的编辑,并且是设计研究学会的前任主席。可能研究设计的学者听说过"抗解问题"这个词。布坎南在1992年发表的一篇名为《设计思维中的抗解问题》[8]的论文影响广泛,将"抗解问题"和"设计思维"打入主流设计文化。

布坎南的论文在正确的时间、正确的地点,产生了正确的影响。然而,布坎南和他同时代的大多数人一样,拒绝将设计归入科学当中。他将设计思维描述为反映当代文化的"博雅学科",并被专业人士用作解决棘手问题的"洞察力"。这篇论文之所以如此有影响力,可能是因为它明确地将设计思维与创新创造联系在一起。对于布坎南来说,这在很大程度上归因于他意识到设计思维是一种多学科的思维方式,并发现了四个可以找到它的主要应用——视觉设计、产品设计、交互设计、系统设计这四大领域。

2.2　IDEO的商业运作之路

对设计思维研究的日趋成熟,其影响力逐渐扩大,引起了商学院的学者们极大的兴趣,以蒂姆·布朗和罗杰·马丁为代表的商业创新领域的学者将设计思维作为方法和工具引入商业创新领域并展开实践。此后,IDEO在蒂姆·布朗的带领下,提出设计思维五步法,即"洞察需求—定义问题—创意方案—原型制作—测试反馈",并将设计思维总结为:一种以人为中心的创新方法,它能够利用设计师视觉化呈现的工具,有效地整合人的需求和技术的可行性来达成商业成功。[16]也正是IDEO将设计思维从学术研究推向了商业应用。

IDEO把设计师的思考和工作方式提炼出来,具体为一套可执行的流程,并结合诸如人类学、行为科学等学科的方法,发展出研究方法工具包(toolkit)。[17]通过设计思维,IDEO让抽象的创新价值创造过程具体化,让过去只有少数有天赋的人才能做的创新"平民化"。

设计思维作为一种思维的方式,它被普遍认为具有综合处理能力的性质,能够理解问题产生的背景、能够催生洞察力及解决方法,并能够理性地分析和找出最合适的解决方案。

在当代设计和工程技术当中,以及商业活动和管理学等方面,设计思维已成为流行词汇的一部分,它还可以更广泛地应用于描述某种独特的"在行动中进行创意思考"的方式,在21世纪的教育及训导领域中有着越来越大的影响。在这方面,它类似于系统思维,因其独特的理解和解决问题的方式而得到命名。在设计师和其他专业人士当中有一种潮流,他们希望通过在高等教育中引入设计思维的教学,唤起对设计思维的意识,其假设是,通过了解设计师们所用的构思方法和过程,通过理解设计师们处理问题和解决问题的角度,个人和企业都将能更好地连接和激发他们的构思过程,从而达到一个更高的创新水平。期望在当今的全球经济中创建出一种竞争优势。

设计思维是一种方法论,用于为寻求未来改进结果的问题或事件提供实用和富有创造性的解决方案。在这方面,它是一种以解决方案为基础的,或者说以解决方案为导向的思维形式。它不是从某个问题入手,而是从目标或者是要达成的成果着手,然后,通过对当前和未来的关注,同时探索问题中的各项参数变量及解决方案。这种类型的思维方式最经常思考发生在已成型的环境中,这种环境也称为人工环境。

这与科研的方式有所不同,科研的方式是先确定问题的所有变量,再来确定解决方案。相反,通过设计解决问题的方式是,先设定一个解决方案,然后来确认能够使目标达成的足够多的因素,使通往目标的路径得到优化。因此,解决方案实际上是解决问题的起始点。

例如,一位客户可能会拜访一家建筑公司,在此之前已看过他们建好的房子。客户手上已经购买了一块土地,于是他就可能会要求建造一所同样的房子。设计师就要构思出一个解决方案作为起始点,填充进许多参数(工地的坡度、朝向、景观、家庭需要、未来需求等),以便专门针对这位新的客户、新的地点、新的需求、新的风格等因素,在原有的框架基础上,创造出一个新的解决方案。

2004年由大卫·凯莉(David Kelley)创办的美国斯坦福设计学院(D.School)正式把Design Thinking拆解为五个步骤:Empathize(移情)、Define(定义)、Ideate(设想)、Prototype(原型)、Test(测试)。

第1步:移情/同理心

移情就是对他人的情感或情绪感同身受的能力。

第一步的目的是进行用户研究,从而了解人们真正关心的东西。我们需要真正了解他们的处境,比较常用的方法是用户访谈。

举个例子,如果你想帮助老年人进行设计,你可能会发现他们行动能力下降,但是他们想保持走动的能力。在与他们进行访谈的过程中,他们可能会与你分享他们实现目标的不同方法。在访谈后期可以进行深入挖掘,寻找个人故事或比较极端的场景。理想情况下,你可以与多个访谈者重复此过程。

第2步:梳理用户研究结果,定义问题

通过访谈,你现在可以了解人们在特定活动中实现的实际需求。一种方法是对受访者在谈论他们的问题时提到的动词或活动进行重点分析:比如他们会说,他们喜欢去散步,结识老朋友喝茶,或者在街角商店购物。通过深入分析,透过表面你可能会意识到,这不是老年人喜欢外出,而是他们希望彼此保持联系。分析后,制定一个问题陈述:有些老人害怕孤独。希望保持联系。

第3步:头脑风暴,进行创意设计

现在只关注问题陈述并提出解决问题的想法。重点不在于获得一个完美的想法,而是要想出尽可能多的想法,比如针对我们的例子,我们可以提出许多想法:独特的虚拟现实体验,高级友好悬停板或改装的手推车。不管它是什么,请画出你的最佳想法,并将它们展示给你正在尝试提供帮助的人,这样你才能得到他们的反馈。

第4步:进行原型制作

现在花一点时间思考一下你从对话中了解到的不同想法。问问自己,你的想法如何适应人们的实际生活。你的解决方案可能是一个新想法和已经被使用的组合。然后连接点,勾勒出最终的解决方案,并建立一个真正的原型,以进行测试。

第5步:将原型放在场景中测试,并得到用户反馈

现在寻找实际用户测试你的原型。如果人们不喜欢它,要敢于接受意见,关键是要了解哪些是有效的,哪些是无效的,所以任何反馈都很好。然后回到理念或原型,并运用你的技能。重复这个过程直到你有一个能够解决实际问题的原型。

第6步:重复以上,不断迭代

反馈—原型—测试—反馈—原型,通过反复的测试与迭代完成原型。

其中一个非常著名的设计思维的案例,便是Embrace保温袋(见图2-1)。

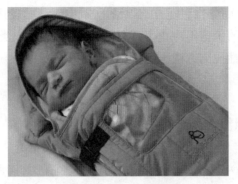

彩图效果

图2-1 Embrace保温袋

在发展中国家的贫困地区和欠发达国家,很多早产宝宝在生下来的那几天因为没有条件在医院里得到照顾来保持体温而夭折。在早产儿夭折的案例里,有98%是这个原因。2007年,斯坦福大学MBA学生简·陈(Jane Chen)与计算机、电子工程学博士、航空工程学研究生在上一门课程的时候,拿到这个议题,希望解决降低贫困地区新生儿死亡率的难题。通过一个学期的努力,Embrace——一款低成本的婴儿保温袋最终诞生。这款利用航空材料制成的产品售价不到100美元,不及传统婴儿保温箱售价的19%,只需要充电30分钟,Embrace就能为孩子提供持续6小时的恒温。该发明已在印度市场成功商业化,预计一年就能拯救80万印度儿童(见图2-2)。

彩图效果

图2-2 人们使用Embrace保温袋保护婴儿

Embrace就是通过这样的经典的设计思维流程完成了从0到1。IDEO和斯坦福的D.School也因此闻名于世。

由于IDEO的商业运作和推广,设计思维被越来越多的设计公司运用于不同的跨界领域,成功商业化,并已在不断的实践中逐渐展现其在商业上重要的影响力。但设计思维的价值不应止于商业创新领域,而是人类应对共同面临的广泛社会问题的普遍性探究方法,人人都有设计思维,通过专业的设计教育,可以得到强化。

2.3　设计思维结构化的局限

在设计思维成为"万能钥匙"这条路上,关于它的负面评价也不是没有:比如早在2011年就有人就说它是一个失败的尝试[18],或者说它在扯淡,更有甚者说它像梅毒[19]。2019年初娜塔莎(Natasha)和胡维·温(Khoi Vinh)进行了一次辩论,Natasha认为设计是有一定专业性的,不是谁都可以完成的,但她也认为设计思维中缺少批判,不断地试验只会带来千篇一律的结果;Khoi则认为设计思维是人人都具备的,但他也承认非设计专业人士参与的效果并不理想[20]。

我们不能否认传统的设计思维的确是一套比较有效的"行为逻辑":移情、定义就相当于设计之前的准备工作"搞清楚需求是什么";设想到原型就是创意的过程;测试就相当于项目的撮合验收阶段。但是"移情—定义—设想—原型—测试"这一套以"设计师为核心"的设计思维明显更依赖"创新红利",而且在实际商业项目中并不容易落地。

另外,还有必要提的就是相比于只是限于设计思维上的"创新窘境",我们需要面对的则更加恶劣:用户、企业和市场普遍对设计不感兴趣:用户对国产设计没有好感,抱有怀疑的态度;企业对设计理解不够充分,他们极度依赖互联网商业模式;市场环境话语权的失落,也给不了设计太多生存空间。

所以IDEO提出的设计思维的方法其实并不适合应用在商业当中,可能也不太符合国情。所以这也是为什么很多人在学习完设计思维之后,大家会说这是假大空,不现实,不落地的原因。

在我们自己利用设计思维实践完的一个驱蚊宝项目之后,我们发现IDEO大书特书的设计思维并没有表面上说得这么美好。曾经我们做过一个驱蚊宝的项目,也是采用了设计思维的整个流程。在前期市场调研的过程中,我们调研了比较流行的驱蚊喷雾、驱蚊手环、驱蚊贴等,价格便宜的只要十几元,贵的要一二百元,我们一致认为驱蚊的市场前景非常大。在提出概念的过程中,我们发现父母会为孩子受到蚊虫叮咬感到困扰,而市面上还没有专门针对宝宝的驱蚊类产品,是一个市场空白点。通过调研我们也发现父母对能保护孩子免受蚊虫侵扰的产品有较强的购买意愿。因此我们最后决定做一款受众为宝宝的驱蚊产品，命名为驱蚊宝。

在产品概念的提出过程中，我们想了很多方案，例如给宝宝戴的驱蚊手环、驱蚊贴等各种形态。但是根据IDEO的设计思维来分析的话，这些方案都比较传统，不够新颖，不具有创新的特征。我们经过了大量的头脑风暴，最后得出了一个当时我们看来非常不错的概念——驱蚊+加湿器。

夏季的时候，因为空调的关系，室内往往比较干燥。在我们脑海中，这样一款驱蚊+加湿的产品，既可以保持室内的湿度，又可以免除蚊虫的隐患，应该能够获得消费者的认可。

在确定了基本的产品概念之后，我们马不停蹄地开始开展了产品原型设计与测试。因为整个项目在冬季开展，在完成原型制作后，为了模拟夏天蚊虫叮咬的情况，我们特意去了海南来模拟蚊虫的环境。

经过我们的测试，我们发现驱蚊宝驱蚊的效果非常不错，团队也非常振奋，认为来年夏天一定能够大卖。

于是我们备了大量的货，摩拳擦掌等着夏天的热销。但是真的等到开始售卖，我们被用户的反馈淹没了："太难用了吧""这一点点效果也没有，差评！""宝宝都被蚊虫咬死了！"……本来我们预期的是雪花般飞来的订单，结果迎接我们的却是洪水般的用户差评。最后我们不得不给用户全额退款，到现在为止也还有上万个产品压在仓库里，完全滞销。

这个项目我们确确实实完全按照设计思维的流程（移情->定义->设想->原型->测试）走了下来，但是结果却是让人失望的。我们后来对项目进行了复盘，得出的结论是，设计思维的流程并没有错误，我们的执行也是完全按照这个流程进行的。但是这种设计思维缺少负反馈——即没有一个约束条件，告诉你执行的环节中哪里出错了。没有负反馈，就意味着没有人告诉你哪里走错了，最后你只会在错误的路上越走越远。

而这种只能让市场来做检验的方式在商业上的风险非常高，甚至我们不得不得出这样一个结论：IDEO的设计思维流程在实际的商业项目中实践性基本为零。

2.4　本章小结

经过本章的梳理，我们可以发现：如果从设计思维的起源的角度去研究，可以发现布坎南、西蒙和杜威一脉相承。我们可以说现在大设计追根溯源来自于美国实用主义哲学思想体系。比如**杜威的做中学思想**和我们现在说的设计实践等不谋而合。

更有意思的是，无论是布坎南、西蒙，都曾经在美国芝加哥大学学习过，而杜威作为美国实用主义哲学的重要人物，也曾在芝加哥大学任教十年之久，且杜威是布坎南导师的导师。如果按图索骥，布坎南、西蒙的设计思想都传承自杜威。所以我们可以说，**现代设计思维起源于美国实用主义哲学思想体系**。

上述基本上便是设计思维发展的历程，其实设计思维并不是什么新东西，在过去的50年里，我们所认为的一些热门的新趋势一直是在讨论与设计思维相关的话题。通过回溯这些历史，我们才能够更好地理解设计思维的发展进程，明白当今它所处的位置，看出其未来的衍化方向。

第 3 章

CHAPTER 3

从问题定义到解决方案

3.1 什么是设计？

曾在网络平台知乎上看到过一个问题"如何自学工业设计？"，最高票的回答是这么说的：

首先，什么是工业设计。你知道在美国，工业设计师经常用的title里，除了Designer以外，最常用的是什么吗？是解决问题的人。因为工业设计师最主要的工作就是解决问题。如何根据人们的需要，在有限的时间内，找到相对最合理的解决方案，是对工业设计师的最大要求。在此期间，你要分析你是在为谁设计（WHO），你在设计什么（WHAT），你为什么要这么设计（WHY），以及你的设计如何才能解决这个问题（HOW）。因此，发现、分析并且解决问题的能力才是成就一个优秀工业设计师的关键。[21]

相信大家到现在为止，都会有这样的理念："设计不是艺术，设计是解决问题"。设计是由问题导向、发现问题解决问题的过程。但是现阶段这种理念，不过是爬出了"设计=艺术创作"的泥沼，来到了"设计=解决问题"的蛮荒。虽然"设计=解决问题"的解释度的确改变了人们的误解，但是它不准确，甚至对理解设计没有太多帮助。在我们看来，把设计简单地解释为"解决问题的方法"，就好像把人丢在蛮荒，任其自生自灭。我们任何有意识去做的事情，小到吃喝拉撒，大到治理国家，哪件事不是在解决问题呢？难道我们做的每一件事都是设计吗？每一个问题都是设计的问题吗？举个例子，现在我们面临一个问题，需要让手机的使用时长从一天变成十天。为了解决这个问题，我们需要把电池的容量从1000mAh提升到5000mAh。那提升电池容量这个问题是设计问题吗？不是，它是技术问题。所以,为了走出"设计＝艺术创作"的误区,用"设计＝解决问题"这个辽阔无边的概念来宣传所谓的"大设计",这多少有些矫枉过正。一个杯子简化掉纹饰,不妨碍大家认得它是杯子;但若是把这个杯子简化成圆柱体,恐怕就没人认得它了。[36]回过来再看"解决问题"这个概念。"设计＝解决问题"这个定义下存在两个非常模糊的问题:第一,这里描述的"问题"是什么;第二,"解决"是怎么样实现的。先来谈谈第一个问题:"解决问题"这个定义下的"问题",到底是什么问题? 首先,我们要限制一下所谈的"设计"的内涵。在这里,我们先把设计的定义狭义化,即我们现在所熟知的工业设计、交互设计、服务设计等这些专业性设计工作。而我们现在流行说的"大设计",万物一切皆可设计,例如生态设计、社会设计等,它们的范围更大,这一类更广义的设计我们先放一放,暂且不论。因为广义设计的意义其实更加接近西蒙对于设计的定义,即"对人造事物的构想与规划",由于这个概念太过抽象,不适合一开始就介绍。我们先来谈谈"狭义的设计"这个定义下,我们所需要解决的"问题"到底是哪些问题。再来看前面的例子,"把电池的容量提升到5000mAh"这个问题是设计的问题吗? 从"狭义的设计"上来说,不是。因为我们能很直观地感受到,这样的工作并不是传统意义上的设计师应该去做的事情。除开通用的设计调研以外,工业设计师基本离不开产品定义与造型设计,交互设计师基本就是绘制交互稿、视觉稿等。可以感知到的是,设计师负责的环节基本属于"想法"的环节,所有"实现"与他们无关。那这些"想法"试图在解决什么问题? 有人说:是用户的问题吧! 我们做设计,基本都要做设计调研,根本目的不就是把握用户的需求吗? 是,但是比较片面。比如我说,我现在饿了,想要吃饭。这是需求吧? 是问题吧? 那我怎么解决? 吃片面包,OK,我饱了。你说这里有我们所谓的"狭义的设计"吗? 并没有。**因此其实"人的需求"只是"狭义的设计问题"的必要不充分条件,并不准确。**那到底什么是设计的问题呢? 这里就需要引入一个概念:"抗解问题"(Wicked Problem)。在社会工程学中,抗解问题指的是**一类难以程式化的社会系统问题,在这其中,信息是含混不清的,存在着多方利益冲突的决策者,并且解决问题的方法在整个系统中是难以捉摸的。**抗解问题在社会工程学中有10个特征。在这里我们就不列出来了,我们觉得并不是所有的特征都适用于设计学科。而布坎南(Buchanan)在《设计思维中的抗解问题》中,第一次将设计与社会工程学中的抗解问题这一概念联系在一起,认为设计的问题本质上是一类抗解问题。这里举一个例子进行说明。

2005年老王在前门胡同里开了个小餐馆卖炒肝,店名叫"大老王的餐馆儿",找设计师小乙帮忙设计个招牌。

这就是一个抗解问题。首先,**"信息含混不清"**。我们能够随随便便问出一堆相关问题:

老王喜欢什么颜色?

老王媳妇喜欢什么风格?

老王对小乙的水平有没有了解?

老王对最终方案的预期是什么样的?

有没有什么元素在老王眼里是犯忌讳的?

老王打算把招牌挂在哪?立在胡同口城管愿意吗?立在门口呢?

怎么能吸引前门游客的注意?

怎么勾起游客的食欲?太扎眼了会不会破坏前门的市容?

要老字号的感觉还是餐饮新秀的感觉?

怎么让游客愿意在这拍照?

怎么在游客的照片里起到宣传的作用?突出前门元素吗?还是争当热门话题?

……

在上述这样的一些问题中,太多的信息无法被明确,太多的问题需要找到答案,而这样的问题随随便便就可以问出几十个。其次,**"存在多方利益冲突的决策者"**。在这里面,老王、市场监管部门、城管、过路的游客、饿了的游客、消费完的游客等都是决策者。老王想挣钱;市场监管部门要监督;城管得维护市容;过路的游客虽然不饿,但是有面相好的小吃也想尝尝;饿了的游客要吃顿正餐,小吃完全满足不了;消费完的游客发个朋友圈又不想太丢面儿……有那么多的决策者,到底应该关心哪一方?很多时候这就会导致方案无法开展和实施下去。最后,**"解决问题的方法在整个系统中是难以捉摸的"**。小乙提交了自己的方案,老王也满意地给了钱,那事情是不是就会按照老王和小乙的想法发展呢?也许开业头两个月,餐馆食客慢慢增长起来,这可能是因为这个招牌在游客的照片里混了个眼熟,也可能是因为从旅游淡季来到了旺季;也许开业头两个月冷冷清清,第三个月突然火爆,这可能是因为招牌里某个元素被大 V 拿来做了文章,上了热门话题,也可能是因为这个胡同被某个电影取了景。总之,小乙的方案对餐馆的营业产生了多大的作用,以及在整个社会系统中产生了什么影响,都是无法明晰,难以捉摸的。至于**"难以程式化"**,是指,假如我们在上面这个案例中替换掉一个或几个因素(比如把2005年换成2015年,或者把老王换成刘大妈,把卖炒肝换成卖奶茶,把小乙换成小丙,那么这个设计的具体过程与最后产出的结果会变的完全不同。也就是说,这个设计只能发生在这一个特定的问题下,而无法被复制。而对于把电池的容量提升到5000mAh这个问题来说,一旦有了解决方案,是可以被其他生产线直接使用的。[22]

通过这个例子,我们应该能够理解抗解问题的特征了。那在这里,我们试图用相对抽象点的说法做一个总结:**"抗解问题"是问题空间中的相关因素在解决方案中的权重无法明确的一类问题**。因为你不知道哪些信息重要,哪些信息不重要,所以你没法确定应该关注哪些因素,哪些要点,自然就无法得出有效的解决方案。这种问题正如其名一般,是"抗解"的。如果理清楚了"抗解问题",那么接下来我们又要引入一个相对抗解问题的另一个概念"待解问题",来解释设计的问题是什么。在刚刚招牌设计的场景中,我们试着做一些假设:假如,我们已经知道"老王喜欢什么颜色"和"怎么能吸引游客的注意"这两个因素是老王最最在意的因素,其他都没有那么重要。那么,设计师是不是就可以基于这两个因素去产出设计方案,从而完成招牌的设计? 或者,假设我们已经知道是"老王在意老婆的喜好"、"老王媳妇喜欢什么风格"、"老王打算把招牌挂在哪"这三个要素最重要,设计师是不是也会比之前瞎摸黑的状态要好一点? 只需要完成这些要素之间的协调,产出设计方案即可。

在上述两个场景中,我们可以发现,当要素确定时,哪怕我们并不知道各因素具体的情况是什么样子,但是对产出解决方案来说,已经比之前明朗了很多很多。如果我们说"设计《大老王的餐馆儿》的招牌"这样的问题是抗解问题,那么"设计某种色彩风格、能够吸引游客注意的《大老王的餐馆儿》招牌"、"设计符合老王媳妇满意风格、挂载某个位置的《大老王的餐馆儿》招牌"这样的问题,就是待解问题。同样抽象一下来看:**"待解问题"是问题空间中的相关因素在解决方案中的权重已被明确的一类问题,但这些因素的值并未被明确**。从"抗解问题"到"待解问题",有一个词能很精辟地形容这个过程,那就是"降维"。实际上,如果没有新的信息加入,"抗解问题"是无法变成"待解问题"的。在老王那个场景中,如果老王不主动提重要的因素,设计师又不问哪个因素需要重点考虑,那么设计一定无从下手。通过双方的交流,设计师知道了老王很重视颜色的选择,知道了他是个"妻管严",知道了他对招牌的位置特别在意。那么原来那个"抗解问题",就这样被降维成了"待解问题",包含了三个因素变量:颜色、妻子的风格喜好与招牌的位置。在这个过程中,设计师从外界获取若干有效信息,提高了部分因素的权重,忽略了不重要的因素,将"抗解问题"降维成了"待解问题"。以上便是"抗解问题"与"待解问题"这两个概念。所以,把这两个概念套进设计流程中,我们就很清楚设计流程的第一阶段(各种形式的设计调研)是在干什么了:目的都是为了"降维"——将"抗解问题"变成"待解问题"。如果我们明白了这两个概念之后,设计的问题本质其实自然而然地出现了。上文我们已经提过了一个关键词,是"人的需求",将"抗解问题"和"人的需求"这两个关键词结合起来,就是"狭义设计问题"的本质,总结起来就是:**狭义的设计问题是人的需求的抗解问题**。相对的,狭义的设计就是解决狭义设计问题的过程——**用专业设计调研方法,将抗解问题有效地降维成待解问题,然后利用设计领域的专业知识,得出待解问题的解决方案**。当然,并不是所有的"抗解问题"都是"狭义设计"的问题。比如全球变暖这样的问题是"抗解问题",但是这并不会由工业设计师、交互设计师去解决。但要是从广义上来说,这也是可以算是设计的问题,毕竟有越来越多的专家学者,开始搞社会设计、生态设计等了,不是嘛? 所以,广义的设计就不再局限在人的需求上。总结一下:**广义的设计问题是当前整个社会面临着的抗解问题,是所有需求的抗解问题**。同样的,广义的设计就是解决广义设计问题的过程——用各种领域的各种方法,将抗解问题有效地降维成待解问题,然后再用各种领域的各种方法,得出待解问题的解决方案。

3.2　设计思维与商业创新

我们在上一节中提到,设计的第一阶段是将"抗解问题"降维成"待解问题",那么第二阶段则是用设计领域的专业知识给"待解问题"提供一个最优的解决方案。第二阶段更像是拼熟练度的过程。所有"待解问题"都可以用设计师熟悉的专业知识来快速得到解决方案,这也是设计的专业知识发挥长处的地方。很多时候,大部分人困惑的,是怎么从"抗解问题"降维到"待解问题",而这正是设计思维发挥作用的阶段。

当然也会有人说:解决问题不应是设计师唯一的思考方式,重新定义问题也是吧?

我们常说"用户需要的不是一匹更快的马",说的是用户需要的不是马,而是更高效的交通工具。如果把问题只局限在马身上,那么无论如何都不可能发明出汽车来。但是一旦挖掘出马背后真正的需求——更高效的交通工具之后,我们便从"马"的束缚中解放出来,可以考虑完全不同的动力模式、乘坐方式、维护方式、生产方式等,在创新上就有了远超马本身的可能性。这种说法在设计里,我们叫"洞察",叫"挖掘用户需求",叫"重新定义问题"。这是从具象到抽象的一个过程,也是一个升维的过程。如果延续之前"抗解问题"的概念,"更快的马"对我们来说是一个较低维的问题,"更高效的交通工具"就是一个较高维度的问题。而我们认为,重新定义问题的过程,就是将一个"待解问题"升维成"抗解问题"后,再次降维成另外一个"待解问题"的过程。

举个例子,我们来思考下,如何设计未来的办公桌?如果单纯从"发现问题"的角度出发,我们可以罗列出现有办公桌的一大堆问题,然后一一提供解决方案、发散功能。最后堆砌出来的桌子可以具有很多功能,例如显示屏收纳、桌面光源调整等,可能办公族会超级想要这么一张办公桌。但是这个桌子除了多了一些功能外还有新意吗?并没有。因为它仍然限制在"办公桌"这样的形式中,没有表现出未来的桌子应该有的感受。如果我们重新思考桌子的内涵,未来的桌子对人来说到底有什么意义。这个时候我们应该完全抛弃桌子现有的形式,思考一下未来人们的生活是什么样的,桌子在这样的生活中扮演了什么样的角色。如果从人的生活状态的角度出发,往往现在的办公环境是一种人工环境,冰冷死寂,没有生机。相信人们都更加喜欢到自然界中,去森林里听风的声音,去海边感受大海的呼吸。清晨新鲜的空气、午后暖暖的阳光、傍晚辉红的晚霞、夜半清冷的月光,这些才是我们的生活。而现在,工作与生活是完全割裂开的。工作是工作,生活是生活。那在未来工作与生活有没有可能交融在一起呢?苹果操作系统macOS在一个大版本迭代后推出了一个新特性"动态壁纸"。即壁纸会随着一天中太阳的起落,一起变换为沙漠的月升日落。这个功能本身没有什么难点,但这个功能所带来的心理感受却是异常奇妙的:"它会让你充分感受到,你在工作过程中时间的流动,给你一种非常踏实的安稳感。"有人曾这么评价这个功能:

由于工作的原因,对我来说熬夜是常态。上海五六点钟的太阳是经常见不到的,现在太阳不是从窗外看到的,而是系统桌面上。霞光从远处的沙漠中微微亮起。这个时候你才会忽然发现天已经亮了。再拉开窗帘,果然玻璃上已经开始折射红光。这就是Mojave系统动态壁纸的迷人之处。它会让你充分感受到时间的流逝,也正是这个时候也才会让你不再觉得你面前的仅仅是冰冷的机器。[23]

试想一下,如果我们不把办公桌定义为"工作",而是赋予其"另一种生活"的内涵,就像这样的动态壁纸一样能让人感受到自然的气息,是不是可能会创造出完全不一样的办公桌?拿这个例子进行分析,单纯设计桌子是在解决"桌子是什么样的"这样一个待解问题。当我们把视角拉远一点,思考桌子的内涵时,相当于抛开了原来办公桌的内涵——给人提供办公的空间,重新讨论桌子产生的根本原因,这个时候,我们发现这个问题已经是一个高维度的抗解问题了。而再上一层,则是"未来人的生活方式是什么样的"这样一个更高维度的抗解问题。这很符合抗解问题的一个特征:每一个"抗解问题"都是另一个更高层次"抗解问题"的一个局部。

通过一次次升维把问题的格局放大,然后再根据新的视野格局重新聚焦,选择合适的因素降维成另一个低维"抗解问题",这就是重新定义问题的本质。上文最后我们提到,设计的第一阶段是将"抗解问题"降维成"待解问题",但是那时我们并没有解释过"重新定义问题"的本质。其实这个说法并不准确。我认为最准确严谨的说法应该是,设计的第一阶段通过反复交替使用"升维"和"降维"两种方法将"抗解问题"转换成为"待解问题"。每一次"升维"和"降维",都有设计思维在背后发挥着巨大的作用。

我们认为,设计思维有三个核心特征。第一个点是用户思维。在这一点上,我们选择继承IDEO的设计思维工具方法。第二个点是溯因推理,会在3.4节中详细展开。第三点是整合创新,即不再单纯做完前期的一个原型,而是去参与整个链路,整合多种资源进行创新。只有完全理解这些核心特征,我们才能利用设计思维带来真正的商业创新和成功。针对每个点,我们都用一个完整的章节进行阐述。

3.3 用户思维——以用户为中心

用户思维,顾名思义,就是"站在用户的角度来思考问题"的思维。或者更广泛地说,就是站在对方的角度、换位思考。对于设计思维来说,具备用户思维至关重要。马化腾说过,"产品经理最重要的能力是把自己变傻瓜",周鸿祎也提出"一个好的产品经理必须是白痴傻瓜状态"。用户思维一般只关注用户的需求和想要的结果,以用户需求为导向,不会太关注执行和实施的过程。例如,我想给某人打电话,那么我拿出手机,便可以联系到这个人,进行直接对话,至于手机信号怎么样、基站是怎么建设的、如何精准地和这个人对话而不会错误地联系到其他人,我都是不考虑的,因为一旦考虑这些细节,我就会深陷这些泥潭里而不能自拔。如果能够随时将大脑从"专业模式、专家模式"切换到"用户模式"或者"傻瓜模式",忘掉自己长久以来积累的行业知识,以及有关产品的娴熟操作方法、实现原理等背景信息,这就是用户思维的体现。

如果一名创业者仍然处于专家模式时,就会遇到下面这些问题:

(1)自我参考:把自己的体验、经验理所应当地带入设计中,认为各种操作都是"显而易见"的。

(2)弹性用户:说是以用户为中心进行设计,但是目标用户十分模糊,其目标、能力、心理模型模棱两可。

(3)边缘功能:在设计时过多地去思考一些不常用或者根本不会用到的功能,花大量时间做无用功。

许多很炫的产品设计就属于这种情况。用"我觉得"这样的方式来称述设计的原因。但是用户不会超越设计者这样的专业人员,这种设计方式仅仅适合很少数的产品,完全不适合大多数产品。

那如何掌握并熟练应用用户思维呢?首先,要在心里时刻想着用户,牢记用户的需求,保持"空杯"状态,以"小白"心态理解用户的需求,并在整个产品设计、推广过程中,复盘自己是否体现了用户思维,有没有以用户为导向。然后,融入用户真正的使用场景中,只有这样,你才会作出一个真正的用户体验产品和服务,当遇到一些痛点时,才会意识到产品需要改进的地方,才能真正体会用户思维。最后,要多和用户打交道,定期进行用户需求调研访谈,这样才能准确地把握用户思维,真正做到以用户思维为导向。而在整个用户思维的研究过程中,我们的产出一般是一组用户画像,用于呈现用研结果。

在产品研发过程中,确定明确的目标用户至关重要。不同类型的用户往往有不同甚至相冲突的需求,我们不可能做出一个满足所有用户的产品。为了让团队成员在研发过程中能够抛开个人喜好,将焦点关注在目标用户的动机和行为上,艾伦·库珀提出了"**用户画像**"这一概念。[24]用户画像是真实用户的虚拟代表,是在深刻理解真实用户数据的基础上得出的一个虚拟用户。我们通过调研去了解用户,根据他们的目标、行为和观点的差异,将他们区分为不同的类型,然后在每种类型中抽取出典型特征,赋予一个名字、一张照片、一些人口统计学要素、场景等描述,就形成了一个用户画像。

用户画像是我们在做设计过程中非常重要的工具,它可以帮助我们形象地了解目标用户的行为特征,帮助我们判断用户需求。我们在这里,分享一下相对接地气的一种得出有效用户画像的用户研究方法,花费较少,效果较佳。

3.3.1 用户研究螺旋

青蛙设计的艾琳·桑德斯最早提出了"用户研究螺旋"[25]（见图3-1），他把用户研究分为5个步骤，分别是"目标->假设->方法->执行->整合"，前三个步骤是关于提出问题和解答问题的，从而找到你在研究中需要了解哪些内容。我们使用的用研方法也遵循这个循环逻辑。

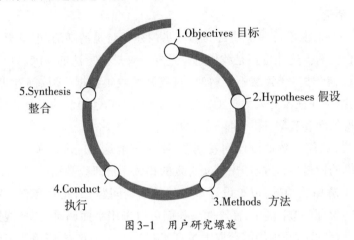

图3-1 用户研究螺旋

1.目标/理清研究目的

我们希望解决的问题。在当前设计过程中，哪些是我们需要掌握的？哪些知识缺口是我们需要填补的？研究目的往往是去回答用户相关的问题，问对问题是整个项目的关键。而一般做用户研究的时候往往会进入一个误区，问一些不太有效的问题。比如我们如果想做一个炒锅，做用户研究时问"用户需要一个什么样的炒锅"这种问题就比较无效。为什么呢？因为用户并不能告诉你他们需要一个什么样的产品。实际上需要问的是围绕用户现有行为与心理需求的问题，比如用户是如何炒菜的，在指定的过程当中遇到了什么问题？心理变化是怎样的？

2.假设/制定我们设想的内容

我们认为已知的内容。我们团队的假设是什么？在用户行为习惯和可能的解决方案方面，我们认为我们知道哪些信息？在这一步我们需要了解清楚我们需要掌握哪些信息，方可知道用什么方法来获取信息。

3.方法/选择正确的研究方法

我们怎样填补知识的空白。在时间及测试者有限的情况下，我们应该选择哪些研究方法？一旦你解答了上述问题,并将它们整理成一页可以展示给相关人员看的解决方案时,你就可以开始通过这些方法收集信息了。

4.执行/用选定的方法来收集数据

在这里我们主要采用问卷和访谈两种常用的方法。

5.整合/解答我们要研究的问题

分析我们搜集到的数据,证实或证伪我们的假设,发现其中隐含的机遇和启示,得出结论。

其实一般来说进行一个项目的第一步往往相对是清晰的,但是第二步假设则是非常含糊的。这儿也正是我们选择这样一种螺旋方法的原因。根据以往经验可以知道,在对一个领域不了解时,直接开始收集数据(发放问卷等)进行分析,得到的结果往往没有太大帮助。这是因为问卷问题的设计不具有针对性,从而导致获得的问卷答案并非切实有效的信息。

换言之,如何有效地设计问卷问题,则是破解这个问题的关键点。只有问题具有明确的针对性,才能产出切实有效的相关用户研究数据。

如不了解相关领域,很难设计出有效的问卷问题,因此需要有一定量的信息输入才能保证问卷问题的有效性。我们可以采用桌面调研、文献搜集等方法收集信息,而在短时间内能够获取大量真实有效信息的方法,应该非访谈莫属。

因此我们的整个用研流程中会最先开展访谈,用于填补领域的背景知识。当然,此时的访谈并不能算是焦点小组或者深度访谈。此时的访谈是一种快速获取相关信息的方法,可以随时寻找和该领域相关的人群进行开放式聊天,获取该领域的相关信息。因此,这种访谈更确切地说应该称为"预访谈"。通过一定数量的预访谈之后,就可以整理出其中的矛盾、疑点,以及关键信息,为问卷的问题设计提供强有力的信息支持。

3.3.2　泡茶机案例

举个例子,比如我们想做一个泡茶机,但是现在对"茶"这个领域完全没有认知。那么我们应该怎么去做这个领域的用户研究？读到这里大家可以思考一下,如果换做是你,你会怎么去研究。

我们按照"用户研究螺旋"一步步来看。

(1)目的:我们需要了解整个和茶相关的领域里的情况,为产品开发做好铺垫,当无从下手的时候,不妨问问自己,我们应该问哪些问题？

问题1:对于茶来说,哪些关键部分了解之后,才能算是了解了整个"茶"的领域?

基于《产品开发设计大纲》[26]，可以从四个方面切入茶的领域：市场、用户、自然环境、技术(见图3-2)。如果能够把这四个方面的内容全部吃透，那么就可以说对茶这个领域十分精通了。因此问题1转换成以下问题：我们该如何去了解这四个方面的内容？图中其实也罗列出了许多维度的信息可以去了解。那么这个问题最终转换成了：哪些维度信息是能够帮助我们了解这个领域的内容的？

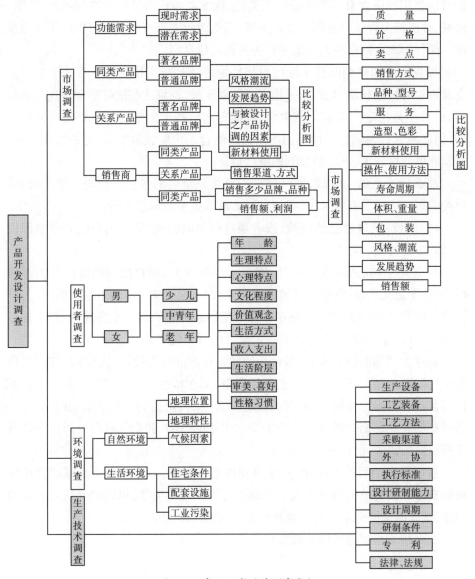

图3-2 产品开发设计调查大纲

这背后的提问思想是：不断寻找命题的充分条件，从而聚焦更细小的部分，也就是溯因推理。

问题2：以"用户"这个领域为例，关注用户的哪些维度信息能够保证我能够完全了解这些用户的情况？

这个问题，如果阅读过艾伦·库珀的 *About Face*，就可以轻松作答。一般我们可以把用户所含有的维度分成两类：属性维度和行为维度。例如年龄、性别、地域、种族等人种学信息属于属性维度，当然像收入等有时候也可以属于属性维度。而行为维度则是有关个人的行为特点的信息。

那我们又如何判断这个维度是属性维度还是行为维度呢？看这个维度信息是否容易快速获取，是否十分稳定。例如年龄、性别这些能够非常快速地获取到，而且十分稳定。例如价值观念、生活方式这些大的维度信息都是难以预测的，因此属于行为信息。而我们可以通过组合能快速获取的、稳定的维度信息，来预测可变性较大、不容易预测的维度信息。

那么回到茶这个领域，哪些维度信息会是重要的维度变量呢？这个时候，单纯的提问已经没有意义了，我们需要去获取更多的信息才行。

（2）假设：通过自己的经验，或者通过简单的访谈，我们需要凭直觉来假设有效的维度变量。

什么是"有效的维度变量"？即在这个维度上，用户出现明显的行为差异（从统计学意义上说，就是统计值的方差较大）。根据艾伦·库珀的描述，"行为模式的提取是通过识别访问对象在各行为变量上聚集的状况来完成的，聚集在多个行为变量上的集群可能会代表一个显著的行为模式。"[24]

在这里所谓的行为模式，就是一类特定用户的行为特征（比如50岁左右，住在茶村附近的老头子们都喜欢去茶馆喝茶，那么年龄、住所、性别就是决定去茶馆喝茶的有效行为变量）如果我们清楚50岁、茶村附近的男性数量，我们就可以预测市场容量。而知道他们天天去茶馆喝茶的行为，我们就可以针对这个场景挖掘对应的需求，设计对应的功能。

所以预测的目的有两个：**一个是预估市场容量，一个则是为后续的产品策略做支撑**。而有效的维度变量是明确的行为模式的支撑，可以借此进行有效的预测，这样的维度变量才可以被判断为有效的维度变量。

那么接下来就是具体的假设环节。

①人口学变量

年龄：可能会是一个有效变量，因为年龄不同的人可能对茶的态度不一样；

性别：根据经验判断，这个可能会是一个有效变量，并且作为基本的人种学信息；

地域：可能是一个有效变量，因为不同地方的人可能对茶叶的偏好和泡茶的方式会有偏好，这个可能会对机器研发的"适配茶叶"或"泡茶操作"有影响；

收入：肯定是一个有效变量。

……

②行为变量

喝茶频次：一定是一个有效变量，通过喝茶频次可以反映出用户对茶的依赖程度；

茶叶消费：肯定是一个有效变量，不赘述；

饮茶场景：判断用户主要的饮茶场所，根据频率从高到低对饮茶场所对进行排序。可以反映用户的饮茶场景；

理想的饮茶场所：判断用户是否有倾向的饮茶场所（可能由于各种原因没法满足），根据喜好从高到低对饮茶场所进行排序。可以反映用户在饮茶场景上的需求，也可以侧面反映对饮茶品质的观念。比如虽然倾向去高雅的场所饮茶，但是可能因为各种原因没法实现（具体的原因不需要深究）。那么在做产品策略的时候是不是可能可以针对这个诉求点来做流程上的改进、造型上的优化等；

喝茶叶的类型：有效变量，不赘述；

花费在泡茶上的时间：可以判断饮茶时的操作类型，时间越短越说明是需要快捷性的，时间越长说明越讲究；

理想的花费在泡茶上的时间：可以判断用户对泡茶的态度，是求快还是求品质，思考逻辑同理想场所；

泡茶时使用的器具：了解用户在泡茶时用的工具，侧面反映用户在茶的程度上的认知和茶相关的消费力；

对泡茶器具的了解程度：侧面反映对茶的关注度；

……

通过这样的假设环节，我们就有了一个维度变量列表，如表3-1所示。

表3-1　喝茶领域相关的维度变量表

人口学变量	行为变量
年龄	喝茶频次
性别	茶叶消费
地域	饮茶场景
收入	理想的饮茶场所
	喝茶叶类型
	花费在泡茶上的时间
	泡茶时使用的器具
	对泡茶器具的了解程度

（3）验证：基于以上假设的有效维度进行问卷设计、发放并回收，进行数据验证。

验证阶段则是需要基于以上假设的有效维度进行问卷设计。每一个维度基本上都可以用一个问题来解决，例如所喝茶叶类型，也一样用排序的方式来确定用户对茶叶的偏好。问卷设计中的离散区间划分非常重要。比如泡茶使用的器具，如果只是"茶壶、一次性茶包、自动泡茶机"这样的划分可能会不够全面。茶壶也有品质之分，用普通茶壶和名贵茶壶的用户是完全不同的两类用户，因此要基于可能的用户类型来设置答案。而问卷设计的相应内容不在本书的讨论范围之内，如有兴趣的读者，可以查阅戴力农老师的《设计心理学》[27]《设计调研》[28]两本书。

通过上述描述，我们再总结一下完整逻辑链的用研流程：

（1）通过预访谈得到相关领域基础信息，找到关键问题点，确认问卷的问题设计要点；

（2）基于关键问题点设计相关问卷，进行小批量调查（200~300有效人次，小于200人次时相关算法有效性会大大降低）[28]，得到有效问卷数据，并进行分析；

（3）根据相关问卷得出的人群划分，找相关的用户进行深入访谈。因为获得用户人群划分并不意味着我们能够得到确定的用户画像。因为除了区分人群的相应维度，用户画像还需要具有用户特征、痛点、需求目标等信息。单纯基于数据划分得到的人群并不能够完整地反映用户画像的特点，因此我们还需要完成第三步,通过深度访谈的方式深入了解选定的人群特点、需求,从而获得准确的用户画像。

众所周知,深度访谈、焦点小组能够获得具有实际意义的信息,但同时需要花费大量时间和精力,因此应尽可能地将其用于最合适的阶段。焦点小组的使用成本相对深度访谈而言较高。

而通过前面几个环节的铺垫,我们从宏观到具体,从粗粒度到细粒度已经获得了合适的信息,能够比较精确地聚焦到特定的用户群体。这个时候进行深度访谈,才能够最大程度发挥出深度访谈的作用,得到理想有效的用户画像。

关于具体的各种调研方法说明和选择,我们在这里推荐两本书——《通用设计方法》[29]和《设计方法与策略 代尔夫特设计指南》[30],在这两本书里有大量的设计研究方法可供选择。

3.4 溯因推理——问题定义的起点

曾经有这样一个小故事:一个博物馆的东边外墙面上有非常严重的腐蚀,需要经常涂刷新的油漆。这一天,博物馆的馆长发现墙面又腐蚀得很严重了,现在他需要决定怎么处理这件事情。在以前,馆长都是补刷油漆的。但是每次刷完油漆没过多久之后,墙面又会腐蚀。这一次,馆长选择在墙面的几扇窗子装上厚窗帘,永久解决了这个问题。

大家是否一团雾水?为什么墙面腐蚀能通过装窗帘永久解决?这中间到底发生了什么?

原来馆长决心找出原因,为什么东边的外墙面腐蚀很严重?经过调查以后发现,原来博物馆的清洁人员在洗墙时,用了一种高腐蚀度的清洁剂,这才导致了墙面的腐蚀。鉴于此,馆长得到的解决方法是:在喷刷修补了这一次的墙面以后,下次让清洁人员换用低腐蚀度的清洁剂。

但馆长觉得事情并没有这么简单。他又问这个清洁工:你为什么要用高腐蚀度的清洁剂?

清洁工回答说:因为东边的墙上经常有很多鸟粪粘着,一般的清洁剂洗不干净。

馆长又开始想了:为什么东边的墙上有很多鸟粪?

经过一番调查发现,原来是因为墙上有很多蜘蛛,而这些鸟以蜘蛛为食,所以经常在墙附近活动。

馆长依依不饶地继续发问：为什么墙上有很多蜘蛛？

再次调查发现，因为墙上有很多小虫子，而蜘蛛以这些小虫子为食，所以墙上有这么多蜘蛛。

馆长又想：为什么只有这边的墙上有很多小虫子，其他的墙没有呢？

经过重重调查，馆长找到了最终的原因：因为东面墙上有几扇窗子，晚上博物馆里的光会从这里透出去，而这些趋光性很强的虫子就被光吸引过来了。

最后，馆长在这几扇窗子上装上了几层厚窗帘，问题得到圆满解决。

大家在这个故事中会发现，解决博物馆墙面腐蚀的方法从"再刷一次油漆"变成了"装厚窗帘"。为什么会这样？其实是因为馆长在解决问题的过程中，不断采用了溯因推理的方法，将原来的"解决墙面腐蚀严重"这个问题，转换成了"解决东墙的窗半夜会透光"这个问题。那我们的解决方案也从"再刷一次油漆"变成了"装厚窗帘"，从而真正解决掉墙面腐蚀的问题，这便是溯因推理的强大之处。

那什么是溯因推理？溯因推理是推理到最佳解释的过程。[31]换句话说，它是从事实或者结果开始，一直推导出导致结果发生的真正原因的一种推理方法。可能大家都听过归纳和演绎，但实际上推理还有第三种，那便是溯因。演绎是因为所以；归纳是因为很多是这样的一种模式，所以在这种情况下也是这种模式。推理逻辑上目前就只有这三种。归纳和演绎，它是没办法产生一些新的结论，没法创造出新的东西。

如果把我们的问题作为最终结论，那么溯因的过程就是一个不断寻找这个结论的充分条件的过程。通过溯因推理，我们在思考问题时往往能够抓到最根本的问题点，在解决问题时也往往能够得出最合理的解决方案。设计思维的第二个特质便是溯因推理。

我们分享一个来自同花顺的产品设计案例，来进一步佐证这个特质。

同花顺是国民级的炒股软件，致力于"AI+金融"技术探索和场景应用，截至目前日活跃用户数已超过2000万；在股票类App排名行业第一。同花顺的产品团队基于知识图谱技术研发了自选股洞见功能（见图3-3）。

图3-3　同花顺自选股洞见功能界面

在该功能上线一段时间后,团队针对用户数据进行分析,发现顶部Tab(状态栏)右侧的"更多"按钮点击率比较高。团队对此感到很好奇,其中一名产品经理就说:你看用户想分享(一般来说更多按钮里面就是分享),我们需要把分享按钮透出,加强用户感知。

但是事实真的如此吗? 用户是真的希望想要分享吗?

通过分析用户调研问卷,团队发现用户对洞见的事件有比较强烈的自定义需求。因为用户没法在主界面进行自定义,所以他们想看看点击更多按钮是否能够进行自定义。

所以这个按钮的点击率高,不是因为用户想分享,而是因为用户想要做自定义事件。

然后团队继续往下思考:为什么用户想要做自定义事件呢?

通过用户访谈得知,目前洞见的事件对不少用户来说有些是不想看的、有些是想看但是没有的,所以才会多次点击顶部的"更多"按钮,希望做到自定义事件。

那这个问题的答案则是:产品没有对二级市场这五万多个常规事件进行个性化分发。

于是,在多次溯因下,我们找到了"更多"按钮点击率高背后的真正原因:目前的产品方案缺少根据用户不同投资理念的个性化分发服务。

团队利用溯因推理真正洞察了用户行为背后的需求,从而找到有效的产品方案。这就是溯因推理在真实的设计案例中的体现。

因为之前在提设计问题时,为了便于讨论,文中都刻意强调了"狭义的设计问题",而非"广义的设计问题"。而这次并没有刻意去强调,因为对于溯因推理来说,广义、狭义的设计问题都是适用的。

之前曾说,狭义的设计问题是关于人的需求的抗解问题,广义的设计问题是所有的抗解问题。如果当大家理解了溯因推理在设计思维中起到的作用,就不难理解 IDEO、D.School 等知名机构大力吹捧设计思维,说人人都应该学习设计思维的一个原因——人人都应该学习溯因推理,并将其用于解决生活中的各种问题,这也是现代社会鼓吹"大设计"的最合理解释。

此外,在讨论之前的案例时,相信大家都无意识地忽略了一个过程——调查的过程,即如何去获取有效的信息的过程。和演绎、归纳推理不同,溯因推理有个很特殊的特征——溯因推理的结论只是一个假设,新信息的出现可能会推翻这个假设结论。比如说,假设蜘蛛除了吃虫子,还会吃这堵墙上的藤蔓呢?那装窗帘的解决方法还有效吗?我想不一定。所以实际上,溯因推理结论的有效性与获取的信息完整性和有效性直接挂钩。随着调查的深入,可能会有相比原先最佳解决方案更好的解决方案出现,那么原先的结论就会随之改变。

所以说,溯因推理需要考虑给定问题的语境。推理的结论应该符合当前搜集到的信息情况,但这并不是说一定得到了最终的结论。所以我们能够感知到,溯因推理这个非常重要的特性——不能实证,只能证否。在溯因推理中,随着信息的增加,最初的结论可能被推翻,会有更合适的解决方案出现。因此,你没法保证解决方案一定是正确的,只能通过确认一个个的信息来保证解决方案不是错的。因此,设计的第一阶段,转换"抗解问题"最关键的因素就是信息的收集情况与基于已有信息的溯因推理。而信息的搜集,便是上一节的"用户思维"的体现。

3.5 整合创新——商业大设计

传统的工业设计往往局限在外观设计,并不会去考虑如何优化工艺端。因为很多人说工艺实现不了,就认为不用去管了。其实如果真的想要把一个产品做好,必须对工艺、材料都有较好的认知,对整个工艺流程的再设计也是非常重要的。

3.5.1 竹语伞

2012年,浙江大学城市学院的李游老师团队设计了一款"竹语伞",并一举荣获2013年国际iF工业设计产品奖和2013年红点设计大奖。竹语伞的从0到1、量产到上市,整个过程设计师都参与其中,遇山开山,遇水搭桥,一环一环解决存在的问题,很好地阐释了什么是整合创新设计。

在进行这个项目时,团队展开了关于伞骨结构、把手造型设计等一系列开发工作,从概念确立、草图绘制、3D模型推导到实物模型的比对推敲,再到现代机床精加工技术,没有一个细节是轻易完成的。那段时间,李老师经常在工作室里通宵达旦地忙碌着。半年后,"竹语伞"现出雏形,把中国式的审美发挥到了极致。

竹伞的加工工艺比较复杂,李老师花了大量的时间对整个工艺流程做了深入透彻的研究,并**帮助工厂重新设计了整个工艺流程,完成了工艺流程的标准化、生产质量的把控和流程的归类**。在整个工艺环节中最值得一提、也最具有创新意义的就是伞骨的工艺。

一开始,李老师的团队也不清楚选择哪种股数的伞骨,所以团队将八股、十股、十二股、十六股的几种伞骨全部打出来。然后通过分析伞形,测试哪一种从美观性到抗风的强度最能满足目标需求。经过多次测试筛选,最后选择了十二股的伞骨(见图3-4)。

图3-4　竹语伞伞骨

以前的油纸伞的伞骨是由一根圆竹手工劈开制成,所有的伞骨合起来可以重新拼成一根竹子。我们现在这十二根伞骨也是将圆竹放入加工机器来进行加工,制成的十二根伞骨拿牛皮筋一扎,就能保证所有伞骨的竹节都在同一个位置。这十二根伞骨因为是同一根竹子加工出来的,所以它所有的力学特性,例如材质、密度、韧性都是一样的,这样打开伞的时候,整个伞的力学特性都会非常平均。如果伞骨使用的不是同一根竹子的同一个部位,它的力学强度会有一些微小的差异,伞的使用寿命和使用体验都会受到影响。李老师说:"其实古人很聪明。古人手工劈完竹以后,竹子的竹节还保留在同一位置,强度也很强,同时也很均匀。但是以前的古法是手工劈很原始,效率低下,因此我们用机器刨制以提高生产效率。"

李老师对工艺的改善既保留了原来制作这把伞的设计要点和工艺,同时又用一种更快捷的现代加工技术进行演进传统工艺,取其精华,去其糟粕。

李老师能够做出竹语伞,他对工艺的重新理解和设计功不可没。如果我们用传统的设计视角去分析这个项目,可能会完全无法理解为何设计师需要去介入工艺生产,乃至重新设计工艺流程。但是从设计思维的角度去看,这样的行为非常合理且不可或缺,而这就是设计思维带来的整合创新的价值。

3.5.2　暖桌垫

笔者团队曾经通过头脑风暴发现在南方市场小场景的取暖用品需求非常高。小范围的取暖产品如电油汀、暖风机等,个人用的如电热毯、暖脚器等都有不错的市场反馈。在经过一番分析与思考之后,我们认为可以做一款轻便、容易携带、在接触层有更好体验的桌面发热产品(详细的分析过程可以查阅本书案例部分)。

对于这款台布形式的桌面发热产品来说,其技术核心很明显是内置的加热部件。这当然直接关系到产品功能的实现,也决定了产品概念中对产品"轻便""易带"等定位能否实现。在我们做这个项目时,市面上的主流桌面发热产品是发热玻璃台板,它的体量巨大,既不轻便,也不易于收纳。这种局限是因为当时的市场上并没有一种合适的发热技术。

我们花了很多时间用于技术、工艺的调研。在调研中,我们发现在韩国有一种较为成熟的电热地暖膜。这种地暖膜将碳浆印刷成特定线路排布在半透明聚酯膜上,通电时,在电场的作用下碳分子团(也称为碳晶)产生"布朗运动",碳分子间发生剧烈的摩擦和碰撞,产生大量热量,并通过辐射和对流的形式向外传递,达到发热的效果。电热碳晶地暖膜具有热转化效率高、安全稳定、节约空间、使用成本低等优点,在韩国主要运用在地暖的行业,且较为普遍。

当我们了解到这种发热技术时,我们发现这种电热地暖膜的形态与技术参数均很符合我们对于桌面发热产品的需求。只是整个桌面发热行业从来没有人使用过这种技术,而且韩国的这种电热地暖膜的技术规格并不符合桌面发热的技术规格需求。因此我们花了不少功夫进行了技术和生产工艺的优化,比如在碳浆中加入带有PTC效应的材料,使用二次印刷的方式制作柔性发热膜,使得发热膜更加安全,同时大大降低了生产成本。截至目前,我们这一款暖桌垫的销售额占据全国市场的50%以上。而我们能达到这样的成果,也是因为我们知道如何进行整合创新,走通商业的全链路,击穿各个环节的壁垒,这也是新设计思维不可或缺的一环。

3.6 设计思维流程

3.6.1 传统设计思维流程的弊端

正如第2章所述,IDEO的设计思维的流程是线性和循环的[16](见图3-5)。但是在实际使用设计思维流程的过程中,我们会发现,现实世界的问题并没有那么理想,完全根据这样的线性流程进行下去,往往是会在某个环节进入死胡同,无法往下继续,不得不回到某个前面的流程重新来过。与此同时,重复的过程里往往无法判断该回到哪个环节,或在某些环节里循环往复,最后造成很多不必要的重复劳动,最差的情况是整个推倒重来。

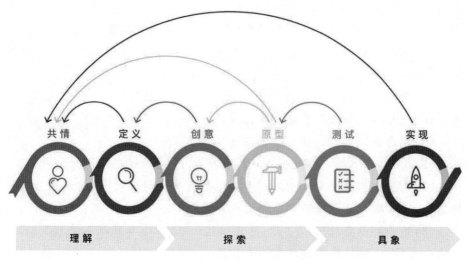

图3-5 IDEO设计思维的流程

有人会说,设计的流程本来就是一个循环的过程,我们无法从一开始就预见问题,所以这个方法是没法往下细化的。的确,很多时候无论用什么方法或者流程,问题可能都无法避开,但是好的方法或者流程,应该可以帮助人提前预知到可能有问题或者风险的地方,而不是等真的碰到了再去解决。所以很多没有经验的设计师用了这个方法,会不知道在哪里需要循环,又要在什么时候终结循环。这会导致使用者根本无法判断到底是自己的使用方式不正确导致失败,还是原来的思路不正确导致的失败。

还有人用菜谱来比喻设计思维的流程,来说明设计思维的流程不应该过于苛责,就像哪怕不同的人用同一本菜谱,炒出来的东西也不会完全一样,不同的人用设计思维的流程也不应该完全会有相同的结果。但在我们看来,这种想法并不正确。拿番茄炒蛋这个菜谱为例,假如第一种菜谱是这样写的:

(1)准备食材:鸡蛋3个、中等大小西红柿2个。盐1克、糖2克、食用油50mL;

(2)将鸡蛋去皮打散、西红柿切小块备用;

(3)锅中倒入适量底油,油热之后,倒入蛋液;

(4)待鸡蛋稍稍凝固后,把鸡蛋推到一边,然后放入西红柿,煸炒匀均;

(5)往锅里加少许糖煸炒匀均,然后大火收汁;

(6)最后关火,放盐翻炒匀均即可装盘。

注意事项:

(1)鸡蛋和西红柿用量的比例。总的来讲,就是1:1。西红柿不要太多,太多容易出汤,太少又会减轻味道。

(2)鸡蛋要充分打散。打至感觉没有阻力,表面有很多小气泡。

(3)打鸡蛋的时候,还要往蛋液里少放一点水,这样炒出来的鸡蛋才滑嫩可口。

(4)西红柿的块不要切得太大或太小,太大烹饪时间久,会影响鸡蛋鲜嫩的口感,太小又会出很多汤,影响成品效果。

(5)炒鸡蛋时,油不能太少,油温也不要太低。

(6)鸡蛋不用炒的太熟,稍稍凝固就可以了,因为还要炒西红柿。

(7)鸡蛋不需要从锅中盛出,只需要将鸡蛋推到锅的一边,继续炒西红柿就行,这样鸡蛋不会因为变冷而影响口感。

(8)关于要不要放葱、姜、蒜,葱可以放一点,但姜和蒜就不要放了,原汁原味的最好吃,鸡精也不建议放。

(9)要放一点糖,糖可以中和西红柿的酸,口味会更好。

(10)关火后再放盐,是因为盐放得早,会出很多汤。

第二种菜谱则是：

（1）准备食材：鸡蛋、西红柿、盐、糖、食用油。

（2）将鸡蛋和西红柿进行预处理；

（3）锅中倒入油、蛋液、西红柿、糖进行煸炒；

（4）最后关火，放盐装盘。

哪种菜谱能够更好地帮助你去完成一款菜品呢？哪怕是同一个菜的菜谱，信息的详实程度不同，对于使用者的帮助也是完全不同的。第一种菜谱，相信哪怕是刚入门炒菜的新手，也能像模像样地做出一道可口的番茄炒蛋来。而看第二种菜谱，可能熟练的人才能做好，新人可能因为调料的比例、食材的处理方式、翻炒、火候、用时各个方面都缺少经验，最后导致翻车。上述这种设计思维流程，无异于第二种只写"先放调料、再放菜、最后炒一下"的菜谱，说法上好听，没有限制，谁都可以做，但是真的到了上手的时候，往往会出现各种意想不到的问题。尤其是其鼓吹的"自由"与"不受限"的用法，很多情况下都是造成项目失败的重要因素。所以，我们非常关注方法本身的正确性和有效性，哪怕项目失败，应该是一种"正确的失败"。"正确的失败"的意义在于真正有效地验证了思路的不正确，如果实施的过程不正确，我们就没法判断到底是方法的问题还是思路的问题了。如果没法一步一步清晰地指出如何去应对，那么设计流程、设计方法存在的意义可能就显得很小了。毕竟设计流程和设计方法诞生的价值，是为了减小不同设计师的个体差异性，减少设计过程中的不确定性，让方法的使用者能够相对轻松地去获得真正有效的结果。

3.6.2　语言形式文法的借鉴

我们用了大量的笔墨批判了传统设计思维流程的问题，但是并不代表这个流程一无是处。相反，这个流程一定程度上揭示了设计思维的活动进程。因此，我们提出的设计思维树型流程，并没有完全摒弃传统的设计思维流程，而是在原本流程的基础上进行改进和优化，从而更加深刻地揭示设计思维活动的内在结构，让使用者能够更加精准地知道自己处于什么状态，下一步应该如何进行，让整个流程和方法变得更加实用。

为了便于大家理解设计思维的树型流程，我们先简单介绍语言学中的一种表达范式，即文法表达式。文法表达式的作用是描述一门语言的构成结构，先简单来看看什么是文法表达式：

（1）句子–>名词短语+动词短语

（2）名词短语–>形容词+名词短语

(3)名词短语->名词

(4)动词短语->动词+名词短语

(5)形容词->小

(6)名词->男孩

(7)名词->苹果

(8)动词->吃

相信这样的文法表达式是每一个人都能够快速理解的,那么基于这样的文法表达式,可以怎么去解构或者生成一个句子呢? 文法的运用例子如下:

句子->名词短语+动词短语

->形容词+名词短语+动词短语

->小+名词短语+动词短语

->小+名词+动词短语

->小男孩+动词短语

->小男孩+动词+名词短语

->小男孩吃+名词短语

->小男孩吃+名词

->小男孩吃苹果

大家可以看到,原本"小男孩吃苹果"一句很简单的话,可以拆解成一组由抽象名称构成的集合。同时,我们又可以利用已经定义好的文法表达式,生成一个简单的句子。所以文法表达式的价值就在于,它可以将原本一个无结构的文本解析成一个结构清晰的框架,且框架的每一个单元都可以使用一句表达式进行细分拆解,如表3-2所示。由文法表达式构成的语言模型和设计思维的树型流程非常相似。我们可以借用这个思想,用同样的方式来描述设计思维的树型流程。

表3-2　设计思维的问题拆解

起点	终点
抗解问题	待解问题1=解决条件1+解决条件2+解决条件3
解决问题1	待解问题2=解决条件4
解决问题2	待解问题3->解决条件5
解决问题3	待解问题4->解决条件6+解决条件7
解决问题4	行动点1+行动点2
解决问题5	行动点3+行动点4
解决问题6	行动点5+行动点6　解决条件7->行动点7

我们已经知道设计思维核心解决的问题是抗解问题。其实抗解问题和无结构的文本句子很像,都是没有被组织过的、没有结构的问题。而最终产出的是待解问题和一个个可实际去执行的行动点。我们提出的设计思维的树型流程,就是将抗解问题转变成待解问题,并最终得到一系列行动点的过程。

将上述表达式进行前后串联,可以看到整个解决方案像是一个开枝散叶的树(见图3-6),所以我们将其称为树型流程。

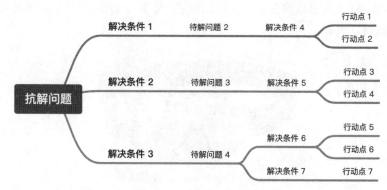

图3-6 设计思维树型流程

那么接下来我们就来详细介绍一下这个树型流程的每一个步骤。

3.6.3 设计思维树型流程介绍

我们提出的流程包含四个环节,方案设计 -> 方案原型 -> 方案测试 -> 实施。其中原型、测试和实施的环节和传统流程并无区别,主要差异在方案设计环节。在方案设计这个环节中,它的细化流程如图3-7所示。

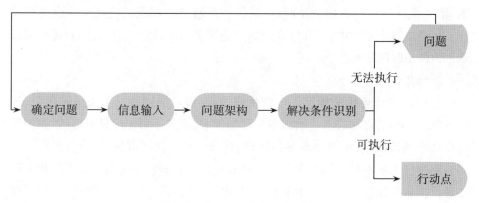

图3-7 方案设计环节细化流程

方案设计包含四个环节:确定问题、信息输入、问题架构和解决条件识别,接下来会详细介绍每个环节的内容。同时为了将这个流程描述得更加清晰,我们会使用一个实际案例辅助说明。下面是案例的背景介绍:

眼部健康与睡眠的重要性愈发凸显,这一现状也促成了巨大且仍在持续增长的睡眠产品与眼部护理产品市场。不少品牌推出了蒸汽热敷眼罩、按摩眼罩等产品,这其中不乏西屋(Westinghouse)、松下(Panasonic)等国际著名品牌,也有倍轻松(Breo)等国内品牌在市场上崭露锋芒(见图3-8),其推出的按摩眼罩产品受到了消费者青睐。

图3-8　倍轻松 iSee M 按摩眼罩

按摩眼罩产品是以眼罩作为产品基础形态,具有多频按摩、恒温热敷等基础功能的产品,某些产品还添加了蒸汽香薰、蓝牙音乐等功能,市面售价从几百到几千元不等,并且受品牌差异影响较大。团队对市场上几款主流按摩眼罩产品进行简要的技术与市场分析后,认为该类产品技术难度适中,市场潜力良好,具有较高的研究与研发价值。

1.确定问题

在方案设计的第一步,就是确定当前的问题是什么。对于绝大部分场景下,第一个问题可能直接就是问题,后续的所有环节都是围绕这个问题进行展开。在眼罩这个案例中,一开始确定的问题就是"如何做一款具有差异化和市场竞争力的按摩眼罩产品"。

2.信息输入

传统的设计思维流程第一步就是同理心,通过同理心思考来理解用户,进而发现用户的痛点和需求。然而在实际场景中,光是了解用户是不够的,我们还需要做市场调研、技术调研等各种调研,获取足够全面的信息,才可以为第二步问题架构打下足够坚实的事实基础。例如我们团队曾经想对激光脱毛仪相关产品进行探索和研究。在项目初期按照传统设计思维流程进行了前几步,做了很多用户研究和概念方案,结果走到了原型的阶段,我们才发现脱毛仪的一个核心元器件是国内供应商做不了的,相关技术早已被国外的大厂垄断,最后导致这个项目不了了之。这个项目失败的原因在于一开始只进行了用户研究,没有对技术进行详尽的调研,最后才会导致项目搁浅。所以,在这个阶段,我们需要尽可能获取足够多的信息输入,为问题架构阶段提供足够的信息支持。在这个阶段,我们可以使用的方法在下面进行列举:

(1)用户研究:包括但不限于问卷、用户访谈、焦点小组、田野测试、桌面调研等;

(2)市场研究:竞品分析、SWOT分析、PEST分析等;

(3)技术研究:原理调研、关键元件调研、专利调研、工艺调研等。

总之,我们应该通过所能想到的一切方法,尽可能地获取有效的信息,为接下来的问题架构准备好充足的弹药库。

在眼罩的案例中,团队围绕这个领域进行了各种调研,获得了大量有效信息,限于篇幅,只举例部分:

(1)在前期的市场调研与电商数据统计,按摩眼罩这类睡眠护理产品的受众范围涵盖了中青年、老年群体,而用眼安全与睡眠问题有逐渐年轻化的趋势,可以判断,今后按摩眼罩产品的购买者中"80后""90后"的比例将进一步扩大。

(2)从文献调研中,学术界针对舒适的概念提出了诸多定义,斯莱特(Slater)认为,舒适是人类与环境之间,在生理、心理和物理上和谐愉快的状态[32];理查兹(Richards)认为,舒适是个人包括主观的感觉与环境或者状况之间的反应状态[33],其中研究舒适的比较知名的模型有纳代奥-卡佩蒂-奥里亚(Naddeo-Cappetti-Oria)舒适或不舒适感知原理模型[34],示意图如图3-9所示。

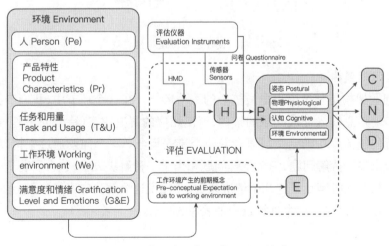

图3-9　舒适或不舒适感知原理模型

（3）团队通过量表设计、问卷和统计学分析,得到眼罩舒适度模型的影响因素有：遮光效果、热敷温度、按摩压力、透气效果、眼周区域压迫感、产品价格、佩戴后眼睛疲劳状态、产品整体体验评价。

上述信息是在下一个环节问题架构中或多或少都发挥了的作用,也正是由于有了这些各个方面的信息,最终才成功研发出理想的眼罩产品,并获得不错的市场反响。

我们可以使用思维导图的方式将整个过程记录并可视化(见图3-10)。

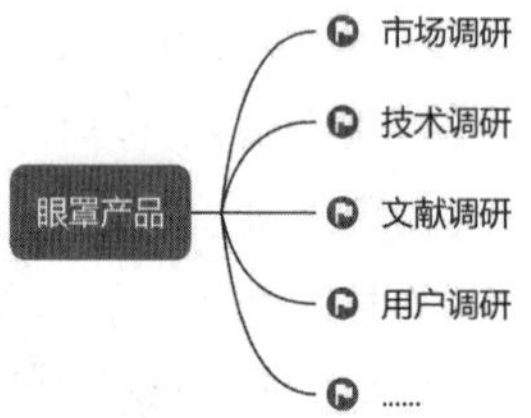

笔者团队使用AirTable梳理设计思维的框架,并制作了相应的模板(见图3-11)。感兴趣的读者可以访问以下链接查看：https://airtable.com/shriQwO8WY

图3-10　眼罩产品过程思维导图

WEeCZUX。注：Airtable是一种新型的在线表格制作工具,而且不仅局限于表格,它还可以把文字、图片、链接、文档等各种资料整合在一起。

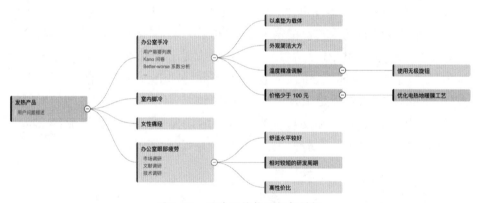

图3-11　设计思维推理框架模板

3.问题架构

问题架构是整个流程中最核心的一个环节。在这个环节中,我们需要根据上一步的信息输入完成问题的架构,产出相应的解决方案(待解问题)。这个流程接近传统流程中的定义与概念的两个流程集合。一个问题通过架构以后,可能会产出多个待解问题,一个待解问题相当于一种解决方案,包含了若干个解决条件。只有同时满足了这几个解决条件,才能说这个解决方案是个可行的方案。用表达式进行分析,这个拆解过程如表3-3所示。

表 3-3　问题拆解过程

起点	终点
问题 1	待解问题 1=解决条件 1+解决条件 2
	待解问题 2=解决条件 1+解决条件 3+解决条件 4

　　其中待解问题 1 和待解问题 2 都是问题 1 经过架构后的方案。待解问题 1 由解决条件 1 和解决条件 2 构成。待解问题 2 由解决条件 1、解决条件 3 和解决条件 4 构成。虽然待解问题 1 和待解问题 2 都包含了解决条件 1,但是由于其他条件不同,所以这是两个不同的解决方案。在眼罩案例中,"做一款按摩眼罩的产品"的解决方案(待解问题),可以有很多种,如表 3-4 所示。

表 3-4　按摩眼罩产品解决方案拆解示意

起点	终点
按摩眼罩产品	一款舒适度好,高性价比的按摩眼罩=眼罩舒适度水平高+产品售价低+按摩效果良好
	一款功能强大的高端按摩眼罩=按摩效果良好+额外热敷功能+品质感突出

　　上述架构中,"一款舒适度好,高性价比的按摩眼罩"和"一款功能强大的高端按摩眼罩"就是两种完全不同的产品解决方案。那有人可能会问,在这里问题的架构依据是什么? 问题 1 是如何变成待解问题 1 或者待解问题 2 的?"做一款按摩眼罩的产品"又是如何变成"一款舒适度高,高性价比的按摩眼罩"的? 依据就是在第二个环节中获得的,来自用户研究、市场研究、技术研究的各类信息。

　　我们在 3.4 节中有提到,问题的架构、重新定义的思维活动本质都是溯因推理。溯因推理的过程是从一系列给定的前提或者事实中,研究不同的解释可能性,然后选择一个最佳解释并得出一个可接受的假设(方案)作为结论。而溯因推理的最佳解释只是一个假定,任何新信息的出现可能会推翻原来的假定性结论。所以为什么在第二个流程中,需要我们尽可能全面地搜集信息。因为任何不完善不全面的信息,都有可能导致推出来的结论是片面和狭隘的。在某种意义上,传统的设计思维流程也是因此变得有局限性,因为其过于主张"以用户为中心",而忽略掉了很多客观存在的问题。

　　在方法层面,这个流程中可以采用的方法基本和传统流程中的一致,例如头脑风暴等方法,同时也可以使用"5why 分析法"对一个问题进行拆解与重构。

　　5why 分析法,又称"5 问法",也就是对一个问题点连续以 5 个"为什么"来自问,以追究其根本原因。虽然叫5个为什么,但使用时不限定只做"5次为什么的探讨",以必须找到根本原因为止,有时可能只要3次,有时也许要10次,如古话所言:打破砂锅问到底。5why法的关键所在:鼓励解决问题的人要努力避开主观或自负的假设和逻辑陷阱,从结果着手,沿着因果关系链条,顺藤摸瓜,直至找出原有问题的根本原因。

根据眼罩案例的实际情况,团队根据以下信息:①单纯地提升某一项功能属性(例如按摩功能创新)并不一定会有效地提升舒适度,且技术变革难度大,周期长,并且可能会与其他方面的体验产生冲突;②在保证基本功能体验,通过牺牲某一方面的功能体验,降低产品的成本,提升用户的价格满意度,仍有可能获得相对较好的体验舒适度;③目前具有按摩眼罩使用经验的用户对按摩眼罩体验价格的平均满意度处在较低的水平;推出了初步的解决方案(待解问题):在**相对较短的研发周期**内,推出一款**舒适度水平较好、高性价比**的按摩眼罩产品。在一定的舒适度水平上,将产品价格作为竞争优势。思维过程如图3-12所示。

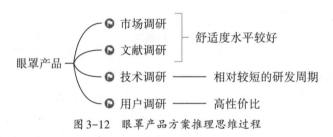

图3-12　眼罩产品方案推理思维过程

4.识别解决条件

当问题架构完成后,我们需要依次查看待解问题的每个解决条件,确认在当前的情况下是否可以直接执行。如果可以直接执行,那么这个解决条件可以直接得到一个或以上的行动点,按照相应的行动点执行,就可以满足这个解决条件。如果不能执行,意味着可能这个解决条件还缺少一些有效信息,需要重新回到确定问题的环节,再次将这个问题细化为更加细粒度的待解问题。

解决条件->行动点

解决条件->问题

在眼罩的案例中,目前的待解问题是:在相对较短的研发周期内,推出一款舒适度水平较高、高性价比的按摩眼罩产品。这个待解问题的三个解决条件分别为:较短的研发周期、舒适水平较高、高性价比。接下来针对这三个解决条件一一进行识别:

（1）针对"较短的研发周期"这个解决条件，根据实际情况，团队直接给出了行动点，即研发周期在50天左右。

（2）针对"高性价比"这个解决条件，团队得出的结论是：成本在50元左右，预期售价150元左右，产品体验需要对标300~700元的同类畅销产品。这里成本和售价是一个明显的行动点，而"产品体验对标300~700元的同类产品"这个目标由于在前期缺少详细的研究，无法在这个环节中变成行动点，所以将其识别为一个问题。

（3）针对"舒适度水平较高"这个解决条件，团队根据之前的研究舒适度模型的结论（"按摩压力"是对整体舒适度评价产生显著影响的关键因子）和技术调研的信息（控制按摩压力的部件在于气压式或机械式按摩结构），可以将条件推断成："按摩结构满足一定压力"。但是由于团队的前期调研中并没有涉及按摩结构这么细的技术点，所以团队仍然不知道如何去设计相应的按摩结构。因此在这里将其识别为一个问题。完整流程如图3-13所示。

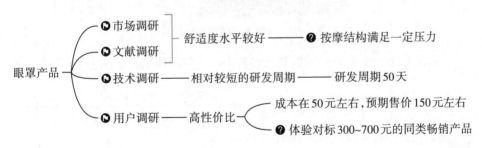

图3-13　眼罩产品方案推理过程

可以看到，待解问题的这三个解决条件转变成了两个行动点和两个问题。那么这两个无法执行的问题就需要重新回到第一个环节，将问题细化拆解，直到全部变成行动点为止。

5.循环

传统的设计流程中也有提到设计过程的往复，但是并没有解释为什么需要往复循环，或者什么时候需要往复循环，又该在哪里结束循环，所以才显得这个流程没有那么实用。而在我们这个树型流程中，为什么需要进入循环，又该在什么时候结束循环都是非常清晰的：当在解决条件中识别出了问题，就需要重新回到确定问题的环节，再进行一遍"确定问题->信息输入->问题架构->识别解决条件"的流程，将问题转变为行动点。如果经过一次循环后解决条件仍然识别出问题，那么就需要再进行循环，直到全部变成行动点为止。

　　回到我们的眼罩案例,在上一步中,我们仍然还有两个问题需要解决:"产品体验对标300~700元的同类产品"和"按摩结构满足一定压力"。我们把第一个问题重新确定问题,可以确定的是:300~700元的眼罩产品体验特征是什么?这个问题通过信息输入的环节(主要使用了用户访谈、产品体验的方式),很快就得到了结论是需要额外具备热敷的功能、控制交互需要简洁自然,也自然地得出了相应的行动点:集成热敷功能和采用外接线控的操作方式。对第二个问题,经过一次流程后,得到的行动点是:采用一款微型直流碳刷电机,以产生满足需求的振动按摩效果。(图3-14为微型直流碳刷电机样品)

图 3-14　微型直流碳刷电机样品

　　至此,整个方案所有的问题都已经解决。完整的树型图如图3-15所示。

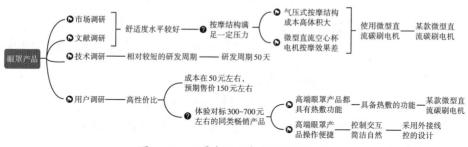

图 3-15　眼罩产品方案完整推理过程

　　目前,这个眼罩产品已进入大规模量产阶段,并在天猫等平台正式发售,并命名为WarmPlus按摩护理眼罩(见图3-16)。结合物料成本、人工成本以及渠道费用等因素,产品终端售价为138.00元,与市面绝大多按摩眼罩相比具有明显的价格优势。该产品发售后并取得了不错的销量与评价,单平台旗舰店累计评价数已超过9000,消费者好评率超过95%(截至2020年2月末统计)。本产品取得了较好的销量与市场反响,达到了项目预期目标。通过这个产品实例可以看出,设计思维在产品研发中发挥的巨大作用。

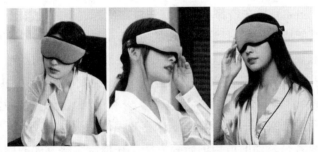

彩图效果

图3-16　模特佩戴场景图

3.7　博雅教育——趋势洞察和人文关怀

我们现在口中的设计,范围似乎无所不包:产品设计、交互设计、服务设计、公共装置设计、平面设计乃至战略设计、社会设计等。我们不断强调"大设计"的概念,不断强调人人都学设计思维,仿佛不学这些东西,我们就完全落伍了一样。

设计的确是越来越交叉了,包含的东西也越来越多,但是设计的内容似乎越来越浅了。虽然设计汲取了很多不同领域专业的知识,但是似乎逐渐变得没有什么自己的东西了。我们一直在思考设计本身的核心问题到底是什么?

布坎南的《设计思维中的"抗解问题"》,他的观点让我们耳目一新,眼前一亮。他说:"设计是科技文化下新的博雅学科"。

什么是博雅学科?"博雅学科",即西方经典的 Liberal Arts。我们常常听说Liberal Arts 的一种翻译是"博雅教育",或者是通识教育、素质教育等。但是在我们这个语境下并不适合用"教育"这个词,因此这里统一采用"博雅学科"这个说法。引用维基百科对博雅教育做一个简单介绍,在此之后,本节将统一采用"博雅学科"这个说法。

博雅教育,又译为文科教育、人文教育、通才教育、通识教育、素质教育,原是指一个自由的古代西方城市公民所应该学习的基本学科,现代则是作为生活常识的内容,可以在社会学校修习、也可以透过参加展览等方式获得知识。文法、修辞与辩证,是博雅教育中的核心部分,被称为三艺(Trivium)。至中古时代,它的范围被扩大到包括算术、几何学、音乐以及天文学(其中也包括了占星学),被称为四艺(Quadrivium)。三艺与四艺,合称人文七艺(seven liberal arts),或自由七艺,是中世纪大学的主要科目。"博雅"的拉丁文原意是"适合自由人",在古希腊所谓的自由人指的是社会及政治上的精英。古希腊倡导博雅教育

（Liberal Education），旨在培养具有广博知识和优雅气质的人，让学生摆脱庸俗、唤醒卓异。其所成就的，不是没有灵魂的专家，而是成为一个有文化的人。[36]

那为什么要提博雅学科这个概念？这就要说到19世纪末的整个背景了。

博雅学科起源于文艺复兴时期，经历了漫长的发展，最终在19世纪达到了极致，成了一套广博的知识体系，其包含了艺术、文学、历史、各种自然科学、数学、哲学，以及刚刚兴起的社会科学。这套知识体系被分成了若干学科，每个学科都有一种或者一系列的适当的研究方法。在博雅学科发展的鼎盛时期，这些学科能够基于已有知识与人类的实践经验获得对外事万物完整而全面的认知。

然而到了十九世纪末，第一次工业革命兴起，社会分工开始细化。而这种社会生产关系的改变潜移默化地影响了人们的思维方式，导致人们开始采用更加精细的方法来探索已有的学科，于是新的学科随着知识的进步越来越多。但是整个知识体系被细分成了一堆细分领域，原来的完整统一的知识体系便逐渐开始支离破碎。虽然这些学科保留了旧时博雅学科的名称和地位，但它们实际上却是以细分领域的形式蓬勃发展。

比如以写作举例，西方在此之前可能与我们的写作方式并无太大区别，讲求寻"道"，而在细分之后，他们通过创意写作、分析性写作、有效商务写作等细分领域走上了另一条不同的道路。

这个例子来解释的话，对于写作这个领域来说，传统的博雅学科相当于是研究"道"的问题，注重整体与全局，关注写作的思想与内涵。而现在的写作则是开始研究"术"的问题，探索出了大量的写作技巧。这样的变化虽然获得了很多细节的知识和技巧，但是却失去了一些整体性，最后的结果就是写出来的东西天花乱坠，但是没有思想，索然无味。这就是失去了"道"，只关注"术"的最糟糕的下场。

虽然人们对已有的知识体系有了更加细致丰富的感知，促进了知识更加高效迅速的进步，但是这同时也造成了学科之间的脱节。因为在专业知识涉及的范围越来越多，越来越细的情况下，各个学科之间会不可避免地失去联系。

此外，这种专业细分也切断了这些学科与现实生活中各种现实问题之间的联系。在传统博雅学科中，每个学科都使用自己的方法和角度分析现实问题，给人们提供一种解决问题的思路和角度。而现在，各个学科研究的是自身领域中的专业知识，不再关注现实问题，这个学科便逐渐失去了解决现实问题的能力与视角。更糟糕的是，当所有学科都不再关注实际问题时，我们发现自己不再像过去那样能够轻松利用多学科的知识和视角来解决现实问题了。

因此，寻找新的综合学科来替代旧时博雅学科的地位是20世纪理论和实践的中心课题之一。如果没有一个综合各个领域知识的学科，我们就不可能有效地去解决各种实际问题，探索未知的知识。

在上述这样的背景下，20世纪中设计思维乃至大设计的出现其实是一种必然。

在上一章中提到，设计思维是一种解决抗解问题的通用思维模式。传统的博雅学科一直在试图通过交叉整合来解决各种实际问题。从本质上来看，各种实际问题就是各种需求的问题，而需求的问题在本质上就是抗解问题。在这一点上，设计思维与博雅学科不谋而合。

而布坎南在他的论文中，极其前瞻地提出了"设计是当今科技文化下的新博雅学科"这个观点。我们认为，在"新博雅学科"这样的定位下，设计不断扩张自己的内涵，整合各个学科这样的现象是合情合理且必然会发生的。同时我们必须意识到，这种定义下的设计，其最核心的价值在于如何快速而高效地整合与应用相关学科的知识，这才是作为"科技文化下的博雅学科"的设计学必须要去思考和解决的根本问题。

如今的设计师们正在努力探索知识的具体整合形式，也逐渐诞生出服务设计、设计管理、战略设计等一系列整合路径与方法。但是这些都是浮在"整合"表面的应用，我们似乎并没有试图去深挖抽象过，"整合"背后的本质是什么，根本问题是什么。这就是导致我们会认为现在所学所做的设计越来越"虚"的原因。但是在这里必须要强调，我们试图寻求设计学的基础问题，并不是为了将设计局限进某种科学定义。这么做只是尝试连接和整合现有设计中的各种现象，为其寻找一种最合理的解释，这也是设计思维的一种体现。

当梳理完"大设计"的脉络，我们回过头来看看，我们传统的设计和现在所说的设计，到底有什么关系？按照现在设计的定义，似乎与传统的设计相差了十万八千里。为什么会这样？这是因为从包豪斯时代进入大设计时代的过程中，设计的内涵核心已经悄悄转移了。

在包豪斯时代，我们研究的设计，基本都是关乎"造物"、"如何造物"、"如何造好物"、"如何高效造物"等。如果按照其他学科的发展路径，那么发展到现在的阶段，应该会是出现研究提升"造物"效果与效率的方法，出现"造物"技巧的知识沉淀等，例如十大设计原则、高效完成造型设计的方法、制作产品模型的经验技巧等。但是实际上，设计并没有完全发展成像其他学科那样变成自我研究的"专业学科"。这其中的关键转折点，便是设计思维这个概念的产生。因为设计思维注重的是思维层面，侧重于整合创新，这势必带来的是设计边界的扩张与模糊。所以我们看到,设计思维的流行使得设计的范围越来越广,好像所有东西都可以用设计来解释。所以处在这种转变浪潮之上的设计师就会出现困惑,因为这样的设计似乎完全不是"专业学科"该有的模样。的确,因为设计思维的流行,我们对设计的内涵核心的理解,已经从"如何造物"变成了"如何解决抗解问题"。但可能大部分人并不会意识到这隐蔽却很关键的一点,也可能并没有思考过,设计思维的起源到底是来自哪里? 而我们已经在本书的第2章中详细阐释了设计思维的历史发展脉络。所以我们如今提及的"大设计"的源头并不起源于包豪斯,而是起源于美国的实用主义哲学,经由西蒙的人工科学发展,最终演变成如今的模样。而正是这样完全不同的两条发展脉络,才是让人感觉传统设计与大设计完全不是一码事的根本原因。

旧时博雅学科旨在培养具有广博知识和优雅气质的人,培养能融会贯通、解决问题的人,培养社会的精英。彼时科学技术还不太先进,因此 Liberal Arts 有时也会被称为"人文教育"。我们现在的科技时代当中,设计作为一门新博雅学科,值得每一个人好好学习。我们遇到的所有拥有良好设计思维的人,他们的眼界、解决问题的能力都很出众。因为作为博雅学科,其核心就应该是博众学科之所长,解决各种现实问题。每当看到他们运用设计思维从容不迫指点江山般地解决掉一个又一个普通人束手无策的问题时,我们都会强烈地感受到,他们是这个时代的自由人。

3.8　本章小结

经过本章的梳理,我们对设计进行了重新定义,从而推导出设计思维在设计中的核心地位,并阐述了设计思维的三大核心特征:用户思维、溯因推理和整合创新。在用户思维一节,我们详细阐述了浙江大学"设计心理学"课程教学的用户研究流程,并辅之案例说明。这也是我们日常在进行设计中所使用的方法,具有较强的实用性。在溯因推理一节,我们详细阐述了设计思维背后的哲学原理来自溯因推理;在整合创新一节,我们以竹语伞和暖桌垫为案例,阐述了设计思维的整合创新特质,能够更好地促成商业成功;在新设计思维流程中,我们详细阐述了我们眼中的设计思维树型流程,并用眼罩的案例进行了相应的介绍。在最后一节博雅教育中,我们论述了当今设计与传统的设计的异同,为目前存在的设计争议提供了我们自己的观点。希望能够为各位读者带来些许启发。

第 4 章

CHAPTER 4

沐浴新体验——用户思维驱动的
美容花洒设计

4.1　产品提出

4.1.1　简介

或平静地拧开,或匆忙地复位,洗澡已经成为人们日常生活再微不足道的一件小事。而正也是在忙碌的一天末尾,当温和的水在柔和的暖光下源源不断地冲洗去一身的浮尘,甚至连同心灵的疲惫都一同随之流去时,沐浴似乎在人的一天之中也不再甘愿屈作配角。

花洒之于沐浴,如同餐具之于饮食,不同的设计往往伴随着截然不同的用户体验。章炜,一位拥有十多年产品设计经验的创业人,着眼于卫浴市场,打造并上线了一款自己独具特点的花洒产品。在独立门户之前,章炜是一名资深产品经理,于 2005 年创立了自己的设计公司——杭州奥格设计有限公司。艰辛创业十余载,章炜带领团队接手过大大小小产品设计工作,拿过三大奖无数,积淀了深厚的设计理论付诸产品实践的经验。自 2018 年始,他开始了二次创业,带领新的团队积极探索设计创新产品化的新商业模式。

正是由于创始人章炜这十余载的寸积铢累,创造了一款结合人体工程学、流体力学和日化洗涤最新研究成果的洗浴产品 Meif 花洒,该产品具有水花舒适度高和模式切换快捷的产品特点,Meif 一经上线,便受到了来自消费者的广泛关注,让我们以 Meif 美容花洒为案例,一起来看看设计思维是如何在产品由概念原型到实体落地的过程中把握船舵的。

4.2 用户思维——利用市场研究和用户研究把握用户需求

4.2.1 国外市场竞品现状及用户使用情况

初步确定要切入洗浴市场后,章炜带领他的美浴团队前往各国针对洗浴用品进行了深入的调研。从大量产品的逐个分析到纵观对比,章炜得出了这样的结论:发达国家市场环境比国内市场环境更为成熟,用户的需求和被满足程度也领先国内5~10年。以国外市场现状作为参考,一定程度上能预见中国市场的未来需求和发展趋势。这次调研,美浴团队对欧美和日韩市场的功能性洗浴花洒进行了深入的研究调查。

从欧美市场看,虽然西方人群在用户特征上与亚洲人差异较大,比如西方人的骨架大小和肌群分布相较亚洲人都更为宽硕,但中国本土有大量跨国企业的代工厂,这也使得国内工厂生产上市的产品很多都沿袭了欧美市场的标准。欧美市场的洗浴花洒包含的功能多偏向按摩放松,且这种按摩往往是通过调节水压使皮肤感受到较大的水花激射冲击力来实现的。对欧美用户来说,这种强大的水花冲击不仅能有效清洁体毛,还能按压表皮,舒适度极佳。因此这类产品销量表现相当好,用户的接受度也很高。

相比之下日韩市场下的产品的水花就会细腻很多,用户反馈冲洗温和、舒适服帖。但是由于出水太细,出水后降温极快,导致身体接触到的水温无法达到较高的程度。对于一部分喜欢水温稍烫以带来刺激感的用户来说,就无法满足其期待值。

从功能性方面看,日韩花洒的多功能体现在集成沐浴液体上。有的产品将沐浴液接入进水管,使花洒直接喷出含有沐浴液的水花,用户在淋洗的过程中不需要费力涂抹沐浴液。这些方案虽然简化了清洗步骤,却有用户反馈使用不习惯且液体切换不方便。

另外也有一些花洒配件公司,尝试着解决将沐浴香精集成到花洒上的问题。但是装满香精液的配件直接接入进水管需要耗费较大的人力,不少用户表示用完第一支液体就懒得再更换。且配件装上后,无法切换至清水状态,尽管管内的混合液沐浴后无需用清水二次清洁,但还是有部分用户反映心理上迟迟不能适应。

4.2.2　国内市场竞品现状及用户使用情况

放眼国内市场,多功能洗浴花洒类产品寥寥无几,大部分用户还处于购买使用基本沐浴功能花洒的消费阶段。而类似高水压按摩花洒的存在,大多是从欧美市场进口或者国内代工厂沿用欧美产品标准模仿的一批花洒,并没有很好地在用户习惯或特征上与国人相结合。因此不管是偏欧美标准还是模仿日韩产品的花洒,在当前市场上都没有很好的口碑表现,更不可能出现所谓爆款。除此以外,也不乏着眼于将沐浴液集成到洗浴中的花洒配件产品,然而功能实现方式的草率令其用户体验不佳。

综合来看,在国外的市场调研中发现有多功能洗浴需求的未来趋势,而目前国内市场还没有占据该品类高地的产品出现,这表明中国市场对多功能洗浴产品的需求已经出现且正待被深入挖掘。谁先做出这个爆品,谁就有机会分走最大的那块蛋糕,于是美浴团队便确定了这是一个可做的市场切入点。

4.2.3　中国用户的洗浴习惯及趋势洞察

经调研,市场上多数用户都习惯购买清洁类产品,这就说明在淋浴时,清洁是人们进行日常沐浴的普遍需求。而与淋浴相关的清洁护肤类产品更是琳琅满目,光是大的品类就有沐浴露、香皂、浴盐等,更不必说各对沐浴个品类下的细分产品。这些花样百出的沐浴产品很好地体现了如今国民对沐浴品质的追求和沐浴需求多样化。可见,清洁已经不再是人们沐浴时的唯一需求,沐浴逐渐演变为一种洗去疲惫的放松方式,其过程中的用户需求也越来越转向比清洁更高的层次。

首先,人们对于淋浴的体感有了更高的要求。市面上有很多调节水花的花洒产品,从最基础的冷热水调节到水花粗细档位调节,这些都是人们追求进一步体验的结果。其次,人们尤其是女性,开始注重身体护理。大部分沐浴产品要达到清洁效果,都是掺杂着碱性成分,用户发现洗完头头发干枯或者洗完澡皮肤干燥,这就为养护产品提供了用武之地。它们甚至根据沐浴全过程拆解出多个步骤,划分出不同的部位进行针对性护理。

总而言之,中国用户已经展现出对洗浴的更深层次的需求,开始注重洗护一体的全身养护。而在各类人群中,现代都市女性对这方面的需求最为丰富,购物欲也最为旺盛。

4.3　产品定义及落地

在前期大量的市场调研和用户测试之后,我们可以得出要做一款适合中国用户尤其是现代都市女性的花洒需要具备的几大要求。首先,对于一个花洒来说,其必备功能是出水,满足用户日常清洁需求,花洒的水花的触感构成了用户对于花洒的直接感受,可谓是此类产品无形的品质评价因素。其次,人们对于**身体护理和美容养颜**的需求提升也对产品的功能多样化提出了要求。对现代都市女性来说,美丽是一个永恒的话题,她们对于护理与美容需求,让市场中形形色色的美容液生产商活得风生水起。将美容液的使用与沐浴过程融合,巧妙地节省了用户操作,同时打准了她们的期待点。最后,多功能花洒使用中的功能切换问题,也是一个非常需要注意的点——调研中出现过不少由于产品切换挡位过多、过复杂或切换不顺手导致产品闲置的例子。因此,**如何简单有效地实现功能切换**,是提升用户使用体验的关键之一。

Meif花洒的产品定义为带可调节式和美容液集成的急射水花洒,旨在为有保养需求的都市女性服务,让洗澡带来放松和美丽。由这个概念衍生出三个并行的待解问题:水花应该做成什么样？美容液如何集成？怎么做到切换模式？下面我们就分别来探究一番。

4.3.1　极致舒爽雨淋

根据市场竞品调研,欧美市场产品水花出的直径在0.4~0.8毫米,目前国内市面上大多沿用这种口径;而日本市场都是很细密的水花,有做到水花口径可达0.02甚至0.01毫米的。美浴团队把市面上所有口径的花洒集中起来做用户测试,发现中国用户对于偏日系的细密水花的体感普遍反馈较好。测试结果确定了适合中国市场的水花口径范围,欧美标准及其以上的口径被摈弃了。

为了确定偏小水花口径中,哪种口径是中国市场的最优解,美浴团队进行了更细致的产品测试。团队将一批包含多种规格小口径的日本花洒送到全国各地的被试家中进行长期使用测试,并记录使用过程中出现的各种问题。测试开始不到半个月,团队就收到了不少反馈称花洒严重堵塞导致出水异常。

为什么在日本售后口碑非常好的产品,到了中国就翻车了呢？将样品花洒收回后打开来检查,发现出水口背后残留了很多水垢,逐渐堵住了细小的出水口。那为什么会出现这些水垢呢？经过实地考察,发现我国的生活用水硬度偏高,容易沉积水垢,再加上出水孔太小,没几天最小口径的几款花洒就堵住了。

另一方面,多口径水花体感测试也收获颇丰。原本的认知中,大家都以为水花越细密,国人会越喜欢其水感体验,其实不然。数千次的实验表明,口径小到一定程度后,会有其他参数影响水感。测试结果中,0.1毫米口径的水花在保温性上表现很差,试用者纷纷表示"洗起来会冷"。难道日本用户的感官跟国人很不一样吗? 这个问题的解释得从两国的文化差异出发。日本文化中非常注重泡澡,他们多以泡澡为主,冲淋为辅;而现代中国洗浴习惯是以冲淋为主。冲淋对于日本用户来说,只是身体离开浴缸后进行二次洁净的方式,整个过程很快并且不宜用太烫的水再刺激皮肤。而对于大部分中国用户来说,整个冲淋过程几乎就是清洁全过程,这就对水温的保持和水花的体感有了双重要求。

团队针对孔径问题进行了多次试验测试花洒样品如图4-1所示。

测试花洒样品简介					
编号	样本	1	2	3	4
水花					
孔径/孔数	0.3*234	0.3*340	0.4*128	0.4*183	0.5*109
出水面积	16.5	24	16	23	21

图4-1 测试花洒样品简介

测试的试验结果如下:

(1)样本花洒体感舒适,水花面积偏小,1/2人喜欢;

(2)1号极细水体感舒适,面积合适,得到1/2的人的选择;

(3)2号极细水冲击力偏强,水压偏大,1/4的人选择,几乎为男性;

(4)3号极细水1/4的人选择;

(5)4号水花粗糙,水压不舒适。

总体而言,孔径在0.3~0.4毫米的舒适度较好,综合测试中出现的其他水质和水温问题,经过多次调试,团队最终将美浴花洒的口径定在0.4毫米。这个口径的出水的舒适度较好,水花的清洁力和水温保持度都有较好的表现。另外0.4毫米的口径降低了花洒对水质的要求,再加上美浴团队在出水口运用了突破性液态材料,使得花洒能够免于积累水垢,产品效果如图4-2所示。

图4-2 产品效果图

4.3.2 芳泽养颜原液

作为产品的核心竞争力体现,美容液的集成是美浴团队打开女性卫浴市场的关键。这是章炜带领多年的硬件团队第一次接触到化妆品类研发项目,因为经验不足,在同日本美容液研发团队的合作中遇到了不少困难。

首先,为了给用户提供高品质、安全可靠的美容液产品,美浴团队选择与日本的美容液研发团队进行合作。最大的问题可想而知:沟通。既要花费精力保证需求的有效传达,又要投入相应的沟通时间成本。其次,美容液的功效是用户体验打造的关键成果。Meif花洒想要解决的是女性使用清洁产品洗浴后皮肤干燥等问题,因此美容液对皮肤的滋润效果是其攻坚克难的主要方向。这个过程中,合作团队在模拟洗浴的温度和水流条件下测试产品对肌肤的滋润效果,不断改良配方滋润度。另外,精华液本身需要混入水流中再对身体起到保养效果,这一条件的满足又涉及太多产品的细节调整。例如温水使用环境决定了精华液的稳定性必然要高于普通化妆品,因此一些中低温易分解或溶解性大的成分就不适合大量掺入。又例如精华液的溶解度需要严格控制,在保证每次使用有效量的情况下尽可能延长每支产品的使用时间。最后,精华液的香型选择也会对用户的直观体验产生较大影响。一开始,团队比较钟情于日本三宅一生香水系列,尤其是樱花味。然而在模拟环境测试中,这一系列的香味表现都不是很明显。于是团队又进入了改良香型配方的循环测试进程,并且最终调试出一版葡萄柚香型。这版香型在用户接受度和香味留存效果上拥有较好的综合表现(见图4-3、4-4)。

图4-3　花洒实拍图　　　　　图4-4　花洒精华液实拍图

彩图效果　　　　　　　　　彩图效果

4.3.3 随心掌控切换

市面上已存在的一些美容花洒,水流全程通过没有切换(见表4-1),其集成液体多为香精等,不需要二次清洗。但全程通过的方式直接把功能性洗涤和日常洗涤完全混合在一起,会让用户有时被迫使用功能沐浴。

而在具体场景中,例如家庭使用时,考虑到家庭成员的喜好不同,基础性清洁水花必须作为一项基本选择。那么在清洁水花的基础上,如何让用户更好地实现模式的切换?

传统的花洒切换方式是拨动面盖上的拨片或旋转花洒头,这种切换方式的结构成熟、实现简单,但拨动旋转的指示性差,造成误操作的概率高。横向开关具有较强的指示性,但横向开关较笨重,操作不方便,对女性用户会有一定的使用障碍。按钮切换的方式指示性能达到不错的效果,且一键切换非常方便。对于年轻用户来说,由于日常习惯使用键盘等按键类产品,这种方式也最符合他们的操作直觉。尽管按钮结构的实现较前几种更难,成本更高,但是按钮最精致小巧,能让产品在外观上体现品质感。

表4-1 市场上美容花洒调研表

切换方式	案例(图)	问题	优势
没有切换	/	不能选择基础清洁	实现简单
面盖拨片		指示性差,容易误操作	结构工艺成熟
横向开关		有一定误操作,开关不方便	指示性强
按钮切换		成本高,结构实现最难	手感好,指示性好,品质感强,两个模式的切换彻底,不存在中间状态

4.4　设计思维流程的运用与梳理

设计思维贯穿了整个产品设计和研发,接来下我们会根据设计思维的流程方法,重新梳理一遍这个产品的流程。

首先是确定了"多功能花洒"这个问题,然后团队对此进行了详实的国内外调研和用户研究,从而推导出了三个重要的解决条件。

(1)由于水花的触感构成了用户对于花洒的直接感受,因此"舒爽的沐浴体感"被推导为"水花应该做成什么样?",这个问题在用户测试中获得了解决。

(2)"身体护理和美容养颜"还需要进一步的降维,在新一轮的信息输入后,集成美容液是不二之选,因此被推导成为"如何选择美容液?"的待解问题,在为满足用户"滋润皮肤"效果和给用户"直观体验"的解决条件下,同研发团队一起"确定精华液"和"确定香型"。

(3)"实现功能切换"的解决条件自然推导出"怎么做到切换模式?"的问题,在几种切换方式的信息对比中,"按钮结构"在指示性、操作性和品质感上都有良好的表现。

推导过程如图4-5所示。

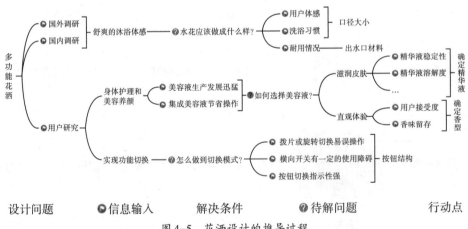

图4-5　花洒设计的推导过程

4.5 对设计师创业的思考

4.5.1 设计公司与设计师创业公司**联系与区别**

在普通观念里,设计师或独立完成设计工作,或与团体共同产出方案。随着团体继续扩张,就形成了具有规模的设计服务公司。设计师在从事设计工作的过程中积累经验逐渐独当一面成立自己的设计公司,这是一件自然而然的事。然而设计公司并不能算是设计师独立创业。原因是,设计公司在行业里的作用与独立设计师或其他小团队并没有本质上的区别,设计公司只不过是用一个团队去扩大、加强你原来作为设计师的基础能力或者说特长。设计公司也好,设计师也好,皆为整个产业链里的某一点,或者某一段,都是作为乙方去协同甲方完成产业链中的一个或几个环节,并且这种服务模式是一对多的。一对多意指设计师要去应对不同角度的产品,这也是为什么越资深的设计师涉猎越广泛。因此设计公司其实就像是产业链里的一个黑箱子,任何甲方提出要求,只要输入足够,能满足其需求,那团队就能输出一个可供运用的方案。此为设计公司的本质。

当一个设计师要转型从设计服务转向产品实体创业的时候,不管该设计师有多资深,普遍会经历一段适应期。因为做产品公司意味着你要有自己产品的全链路,设计的黑箱子只是设计师整合资源中的一个环节。图4-6、4-7可以很好地描述帮助分辨设计公司和创业公司的不同。

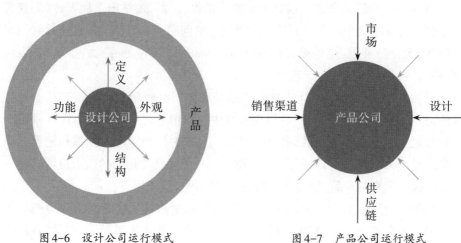

图4-6 设计公司运行模式　　　　图4-7 产品公司运行模式

图4-6是设计公司的运行模式,它在运作时呈现的是一种向外辐射的设计赋能形式。你要做的就是把你擅长的那点做好,比如外观、产品定义,然后将这些能力附加到输出的产品上去就可以了。图4-7是产品公司的运行模式,它在运作时呈现的是一种向内吸收的黑洞融合形式。任何一个公司都不可能把产业链上所有的东西都做到位,所以产品公司其实就像一块海绵一样。而作为一个产品公司的掌握者,你要做的就是去把不同的产业链里的东西吸收整合到你自己的链条中,最终形成支撑公司整体运转的全链路。

综上所述,设计公司和产品公司是用完全不同的两种思维方式在进行。而在这当中不仅明确了设计公司和产品公司的区别,也明确了设计师创业最终愿景的模样。

4.5.2　设计师在创业过程中的角色升级

在创立和运营自己的设计公司的实践中,美浴CEO章炜也经历过一些曲折,积累了颇多感悟。最早他试图把设计公司改造成一个产品公司,认为设计公司内部是可以孵化出一个产品公司的,这是设计师创业做产品公司都容易普遍产生的一种幻觉——自认为完全了解产品的方方面面。然而很多失败的孵化项目最后都证明,这不过是一场奇观背后的海市蜃楼。

就目前市场上所见所闻来看,不难总结出一个规律:爆款产品不乏优质的设计巧思,而好的设计却不一定能造就爆款产品。做一款爆品这个问题,不是单一的设计师层面能解决的,从而引出接下来要探讨的问题核心——设计师如何在产品创业过程中的进行角色升级。

(1)第一阶段,具备某一设计实现能力的设计师。最早出来做设计师,其实就是尝试去解决这个产业里面某一段很具体的问题。如自己的设计能较好地解决问题,无论是外观、结构或者CMF(Color-Matieral-Finishing,颜色·材料·表面处理),只要劳有所偿即为合理。

(2)第二阶段,具备设计背景的产品经理。产品经理其实由很多行业转过来的,只不过从设计师转向产品经理是其中比较情理之中的一种。设计师跟产品经理最大的交集体现在共同的用户思维上,即对用户需求的挖掘和把握。作为产品经理,要对用户需求负责,并且站在用户的角度为他们的需求说话。每一个经手设计出来的产品,都是在为公司的目标用户需求服务。

(3)第三阶段,以设计思维见长的产品公司创始人。这时候用户思维只是设计师需要具备的一部分能力,除此之外还要尝试解决资源导入、产品实现、产品销售、品牌宣传等问题。而作为一个设计出身的人，在创业中相对别人的优势就在于具备设计思维，能洞察问题，能更好地解决问题。

这三个阶段的角色升级也对应着团队结构的升级——从一开始的纯设计团队，到落地的产品团队，再到最后打通全链路的创业公司。在这些过程中，不断地融入了更多的资源、渠道、人力等。而作为一个设计出身的经营者，能做的就是利用自身长处去发现和统筹问题，整合资源来解决问题。这里所说的长处，便是设计师所具备的用户思维。

那用户思维如何在产品经理的统筹和决策中发挥作用呢？举个例子，Meif花洒的产品定义和设计过程都是按部就班、不差毫厘地完成的，但在由设计转化为产品的过程中，就接踵碰见了现实性的问题。比如它的精华液包装标贴，设计团队自认为把标贴设计做得很精美，使用的材料、对表面的工艺要求都非常高，样品拿给很多用户去看都觉得很精致美丽。结果样品泡水实验却失败了，它背后胶水在泡水实验中表现得不尽如人意。这时候整个团队就陷入一个两难的境地，只能选A或B：A是表面处理完全达到预期的设计要求，但是它胶水始终过不了；B则是在外观上比设想的差一档，不过胶水粘性足够。当然，如果再给予更多时间，比如一年，去研究材料，去做大量测试，肯定可以得到完美结果。时间成本和最后产出的性价比的悬殊就与设计团队的初衷背道而驰了。

此时，作为产品经理该如何决策？首先考虑产品上市进度，不再说花大量时间去研究测试新材料。其次在剩下的A和B中如何抉择，这走到了用户思维作为导向标的路口。从用户的角度出发，用户是否能感知到设计师感知到的这份区别？设计师往往在设计细节时的要求会高于普通用户，会纠结更多，但最后把产品给普通用户看，对他来说哪些是能感知到的区别？事实上，在用户测试中A对用户来说，与B根本没什么区别。也就是说，用户压根就不会关注到标签和它背后的胶水问题。这就告诉我们在统筹一款落地产品上市的过程中，不能依赖"设计制高点"的惯性思维，关键还是要回到"以用户为核心"的决策立场，设身处地地考虑用户的使用场景和直观感受。

将格局继续放大到产品公司的CEO阶段，这时候设计师创业的正负两方面就更加显而易见。在洞察市场和做好产品方面，设计师组建的团队拥有极大的优势；而在面临生产、销售、品牌运营等一个产品必经方面，设计师组建的团队往往会走到山穷水尽。事实上，目前产品创业公司的CEO基本来源于四类：第一类技术出身，主要擅长产品结构实现，此谓产品落地；第二类市场出身，拥有多方面销售渠道优势，此为产品营销；第三类生产管理出身，不需要烦恼供应链问题，此谓自产自营;第四类就是我们设计师,具备想象力和创造力,此谓产品创新。综合对比以上四类会发现,优劣势不尽相同。而设计师在做产品创业的时候,核心任务集中在两个方面:第一即如何发挥自身的用户思维和设计能力,即扬长;第二必须用尽所有手段把前后端的东西整合到一起,即补短,很多设计师创业大多失败在第二件事上。

跳脱僵局,设计师的视角已经不仅仅局限于产品本身。评价一个产品创业公司最直观的标准就是产品销售额是否拥有漂亮成绩,毕竟产品可营销化程度在后期可能决定一个公司的生死存亡。设计与技术结合,可以造就优质产品,而优质产品不一定广销四海。这就是在一个公司的架构中,品牌部、营销部等部门占有着至高重要之席;而设计师作为CEO,还需要继续学习团队管理、品牌推广等更多新知识,用以查漏补缺,毕竟要从固有的员工格局转变为独当一面、纵览全局的引领者,博览群书的学识和海纳百川的格局都不可或缺。

第
5
章

CHAPTER 5

从手温暖到脚——设计思维发掘
冬日暖手产品与暖脚宝

5.1 产品提出

5.1.1 背景

处于中高纬度的中国北方地区,有寒冷干燥的冬季,因而也拥有悠久的御寒取暖的历史。这样的地缘优势,使中国北方在国家完成工业化的过程中就早早建立了比较完善的集中供暖系统。相反以江苏浙江一线为界的南方,则没有规模集中的供暖系统来应对冬季的气候变化,但这不代表这部分地区在冬季没有广泛取暖的需要。虽然在基础设施层面有诸多限制,但随着技术和经济的发展,南方也慢慢出现多种家用大面积的取暖设施,比较常见的有空调、地暖等方式,相对独立,但也有使用成本高的缺点。因此南方市场对于小场景的取暖用品有更高的需求,小范围的取暖产品如电油汀、暖风机等,个人用的如电热毯、热水袋等都有不错的市场反馈。无论是前几年火热一时的电热马桶圈还是每到冬季就月销十万加的热水袋都表明,南方冬季的小范围取暖产品有巨大的市场需求。

浙江大学软件学院信息产品设计系硕士毕业的杜锐来自北方,当时来到浙江大学求学时被南方湿冷的天气"折磨"得不行,于是在毕业时,决定走上研发取暖产品的创业之路。

5.1.2 市场调研

相比于家庭,办公室是一个更加公开的场景,不方便使用电热毯、暖脚宝等个人取暖用品,因此杜锐和他的团队选择了办公室这一个特定的场景,利用设计思维发掘冬日暖手与暖脚产品。

在产品研发的阶段,电商平台还没有像现在这样普及,只能通过走访线下家电市场和随机访谈了解市场上现有的小范围的取暖产品,比如热水袋、电热毯、电暖炉、电油汀等。

通过调研,团队发现其中很大部分产品的研发都遵循了一种思路:对已有传统取暖工具的现代化改造升级,如将传统的需要用热水或者烧炭来提供热能的取暖工具,代以电热丝或者电热辐射为加热源,同时实现体量、控制、安全、效能等方面优化。这样的发现其实并不意外,在当前的设计主题下,着眼于已经存在的传统取暖产品,用户熟悉且对技术实现要求不高,这是一条容易被设计者想到的设计研发逻辑——对同样体量的传统取暖产品做技术原理的创新升级。而且这思路的优势太明显了——既有的使用场景和产品形式,成熟的技术支持和改进思路,明显的既有问题和提升效果。这些都会让设计者更容易看到明确的产品形象,因为有诸多的确定因素,在技术实现方面的交流和调整都将十分便捷。总之,单就设计研发来说,便能以极少的对接矛盾和极小的试错成本找到最合适的产品形式。而更不必说广泛的用户认知基础和使用习惯在产品销售过程中会为整个产品省下多少宣传广告和创新接受的成本。

产品之所以能够在原理上升级,是因为它受限于过去的技术水平,但稍微审视一下这样改造升级式的研发逻辑,就会发现这其中也有局限性——它也受限于过去的生活需要。换句话说,技术水平的进步本身代表着的就是已经改变诸多的生活生产现状,自然地,具体的场景需求大多也已发生了改变。比如在古时的冬天,坐在轿子里出行往往配有一个小火炉取暖,但现在,出行的工具已经发生了本质性的改变,即使从技术原理上将烧火改为电或者其他材料,也无法再适应同样的出行场景了。

而办公室这个场景也是近代工业化革命后才逐渐出现并且普及,并不是一种传统的生活场景,因此需要一种新的设计思路。

5.2　以用户思维进行产品重定义

时代进步、社会发展、技术升级、场景改变,产品赖以产生的一切环境从大到小都在变化,诸多不确定的因素,什么东西可以保证我们设计的产品是真正有用的产品?这时,我们需要从"用户思维"出发,来重新审视这个问题,满足用户需要的就是有用的产品。

用户思维对研发设计人员来说,具备天然以自我为中心的任性气质——从用户的需求和想要的结果出发,不关心实现如何困难,过程如何复杂,其中风险怎样,只关心作为用户的"我"现在需要什么。进一步,如果在实现成本和市场需要上有良好的契合,就可以取得商业上的成功。

例如加热马桶盖产品,就是经过创新提出的真正有用的加热取暖产品的代表。因为它真实地解决了用户在冬天如厕时马桶圈体感冰冷的问题,所以成为红极一时且大有全面普及推广之势的产品。而我们知道,过去的马桶圈只具有保洁的功能,并没有加热取暖的暗示——因而并非出于改良升级,这样小面积的可控加热技术也不是近些年才忽然取得突破——因而并非出于技术寻求落地,所以产品的成功很大部分要归功于用户思维的指导——从对用户在相关场景的活动中发掘需求,进而得到满足用户需求的产品概念。

5.2.1　用户信息的采集

从"用户思维"出发,首先需要真实地了解用户,知道用户是怎么做的,怎么想的,就要进行详细的用户调研。团队通过数次用户调研和讨论,整理出如下几组常见用户问题描述。

问题1概述为办公手冷问题,见图5-1,主要面向20~35岁的上班族、办公人群。在冬季日常室内桌面办公场景下,常因室内温度低,桌面用电脑时长期打字或使用鼠标,手部缺少保暖而导致手冷。解决方法需要适用于桌面办公,不妨碍打字、用鼠标、写字、可加热、轻薄、质量轻、外形结合现有办公用品,触摸质地较柔软,温度适宜,防水、防刮、安全,美观,提升办公质量。心理价位100元以下。

问题2概述为室内脚冷问题,见图5-1,主要面向20~35岁的二、三线城市青年、上班族群体。冬季在室内休闲或办公的时候,由于室内气温较低,长期坐立不活动,脚部易感觉到冷。解决方法:安全,适用于室内场景下,舒适、柔软、毛绒感,质量轻便于移动,可加热,温度适宜,可调温,外观漂亮,耐脏易清洗,适合脚部尺寸,提升生活品质。心理价位50-100元。

问题3概述为办公眼部疲劳问题,见图5-2,主要面向20~35岁的城市青年、上班族群体。在日常办公或休息,旅行途中等场景下,有长期面对电脑,用眼过度,久而久之容易造成眼部疲劳酸痛的问题。解决方法:便携、轻便、柔软、舒适,透气,可循环加热,温度不宜过高、可调温。操作简单,按摩,符合科学,美观大方、图案可定制,适合各种头部尺寸,便于清洗,适用于办公或家庭,安全电压、材料对人体无害,有香味利眠安神、气味可选择,提升生活品质。心理价位100元以下。

目的需要:取暖加热	编号:1
对象(WHO)	
20~35岁的上班族,办公人群,二、三线城市 月收入水平:4000~7000元,月消费水平:2000~4000元	
场景(WHERE)	
在公司的室内办公室,工位,桌面办公场景下	
时间(WHEN)	
白天上班时间或日常办公的时间,冬季	
基本情况(WHAT)	
手很冷,需要手部保暖	
原因(WHY)	
南方地区冬季室内温度低,桌面办公状态下常打字、用鼠标等,手部缺少保暖	
方法(HOW)	
适用于桌面办公,不妨碍打字、用鼠标、写字、可加热、轻薄、质量轻、外形结合现有办公用品,触摸质地较柔软,温暖适宜、防水、防刮、安全、美观,提升办公质量	
量化信息(HOW MUCH)	
100元以下	

目的需要:取暖加热	编号:2
对象(WHO)	
20~35岁的二、三线城市青年,上班族群体 月收入水平:4000~7000元,月消费水平:2000~4000元	
场景(WHERE)	
室内,在自己的家庭休闲或一些办公场景下	
时间(WHEN)	
白天或夜间上班时或家里休息的时间里,冬季	
基本情况(WHAT)	
坐着不动感到脚冷,需要脚部保暖	
原因(WHY)	
南方地区室内温度低,长时间不活动,脚部缺少保暖	
方法(HOW)	
安全,适用于室内场景下,舒适、柔软、毛绒感,质量轻便于移动,可加热,温度适宜、可调温,外观漂亮,耐脏易清洗,适合脚部尺寸,提升生活品质	
量化信息(HOW MUCH)	
50~100元	

图5-1　办公手冷、室内脚冷问题

目的需要:取暖加热	编号:3
对象(WHO)	
20~35岁的城市青年,上班族群体 月收入水平:4000~7000元,月消费水平:2000~4000元	
场景(WHERE)	
室内或室外,休息场景下	
时间(WHEN)	
白天或夜间休息时间,四季	
基本情况(WHAT)	
眼部疲劳,需要对眼部有放松	
原因(WHY)	
长时间办公导致眼部疲劳,或夜间辅助睡眠	
方法(HOW)	
便携、轻便、柔软、舒适、透气、可循环加热、温度不宜过高、可调温。操作简单、按摩、符合科学,美观大方、图案可定制、适合各种头部尺寸,便于清洗。适用于办公或家庭,安全电压、材料对人体无害,有香味利眠安神、气味可选择,提升生活品质	
量化信息(HOW MUCH)	
100元以下	

目的需要:取暖加热	编号:40
对象(WHO)	
18~35岁的二三线城市青年,大学生、上班族群体,女性 月收入水平:2000~7000元,月消费水平:1000~4000元	
场景(WHERE)	
室内办公或休闲场景下	
时间(WHEN)	
突发性不定性时间,四季,冬季表现突出	
基本情况(WHAT)	
痛经,需要腹部的保暖缓解痛处	
原因(WHY)	
月经期保暖不周导致痛经,温度低的环境下不利于缓解疼痛	
方法(HOW)	
美观,适用于办公场所与家庭,可藏于衣物内,轻巧、便携、柔软、舒适。加热、艾灸,温度高一些,安全、对人体无害,提升生活品质	
量化信息(HOW MUCH)	
150元以下	

图5-2　办公眼部疲劳、女性痛经问题

　　问题4概述为女性痛经问题,见图5-2,主要面向青年女性。女性月经期间常常由于不注意保暖而引起痛经。解决方法:美观,适用于办公场所与家庭,可藏于衣物内,轻巧、便携、柔软、舒适。加热、艾灸、温度高一些,安全、对人体无害,提升生活品质。心理价位150元以下。

　　综合实际对几个问题进行分析和判断后,团队认为办公手冷的问题更值得研究。通过用户需要框架对该问题下的方式需要进行了整合归纳,如表5-1所示。

表5-1　办公手冷问题的用户需要列表

问题、目的	需要层次	用户方式需要
办公时手部冷问题 目的:办公手部取暖加热	功能需要	适用于桌面办公
		不妨碍打字
		不妨碍使用鼠标
		不妨碍书写
		轻薄、质量轻
		耐脏
		安全
		温度适宜
		外形结合现有办公用品
		防水
		防刮
	认知需要	质地柔软
	审美需要	外观简洁大方
		款式多可供挑选
	情感需要	提升办公品质
	价格需要	低于100元

　　应用并设计了Kano问卷,并选择用户对问卷进行投放,问卷发放情况如表5-2所示。

表5-2　办公手冷问题的Kano问卷发放概况

室内办公手冷问题—方式需要Kano问卷调查		
问卷发放总人数:265人	有效问卷数237份	无效问卷28份
有效填写女性用户数:96人	有效填写男性用户数:141	
年龄跨度:20~45岁		
主要职业:大学生、互联网从业者、IT从业者、公务从业者等		

　　将用户对方式需要正反面满意度的问卷对照属性归类表进行归类,并对办公手冷问题的需要进行Kano需求归类分析。依照Kano归类方法进行统计后的归类与Better-worse系数分析后,Better-worse系数分布如图5-3所示。

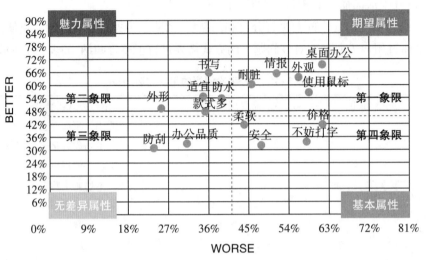

图5-3　办公手冷问题Better-worse系数分析

　　满意度结果如表5-3所示。从表中可以看出各个需求的满意度及属性类别。

表5-3　办公手冷问题的需求属性评价表

问题目的	需要层次	用户方式需要	属性评价(%)			Kano属性归类	增加满意度	消除满意度
			魅力	期望	基本			
办公手冷问题目的:办公手部取暖加热	功能需要	适用于桌面办公	27.7	58.5	48.6	期望	0.70	0.61
		不妨碍打字	34.5	41.3	52.5	基本	0.34	0.58
		不妨碍使用鼠标	32.6	50.2	38.1	期望	0.57	0.59
		不妨碍书写	44.2	39.3	30.7	魅力	0.66	0.36
		轻薄、质量轻	40.5	52.3	22.4	期望	0.66	0.51
		耐脏	38.3	40.4	30.6	期望	0.60	0.45
		安全	28.4	35.3	39.9	基本	0.33	0.38
		温度适宜	38.1	30.6	29.6	魅力	0.54	0.34

续表

问题目的	需要层次	用户方式需要	属性评价(%)			Kano属性归类	增加满意度	消除满意度
			魅力	期望	基本			
办公手冷问题目的:办公手部取暖加热	功能需要	外形结合现有办公用品	40.4	30.5	28.1	魅力	0.50	0.25
		防水	42.5	24.4	21.3	魅力	0.54	0.39
		防刮	34.3	21.5	19.4	无差异	0.30	0.21
	认知需要	质地柔软	26.6	33.8	37.7	基本	0.42	0.44
	审美需要	外观简洁大方	38.1	53.3	40.1	期望	0.63	0.56
		款式多可供挑选	40.9	23.2	21.7	魅力	0.48	0.37
	情感需要	提升办公品质	18.9	22.6	35.7	无差异	0.34	0.30
	价格需要	100元以下	39.9	20.3	53.8	基本	0.42	0.62

通过 Better-worse 分析,对所有方式需要进行满意度排序,可得出用户需求列表,如表5-4所示。增加满意度与消除满意度相加取平均数可得该方式需要的综合满意度情况。通过对综合满意度排序,将全部方式需要分为三层满意度层次,依次为用户需求的解决优先级。

表5-4　办公手冷问题的用户需求列表

需求满意层次	需要层次	用户方式需要	Kano需求属性归类	增加满意度	消除满意度	综合满意度
第一层	功能需要	适用于桌面办公	期望需求	0.70	0.61	0.66
	审美需要	外观简洁大方	期望需求	0.63	0.56	0.60
	功能需要	轻薄、质量轻	期望需求	0.66	0.51	0.59
	功能需要	不妨碍使用鼠标	期望需求	0.57	0.59	0.58
	功能需要	耐脏	期望需求	0.60	0.45	0.53
	价格需要	接受价格范围100元以下	基本需求	0.42	0.62	0.52

续表

需求满意层次	需要层次	用户方式需要	Kano需求属性归类	增加满意度	消除满意度	综合满意度
	功能需要	不妨碍书写	魅力需求	0.66	0.36	0.51
	功能需要	防水	魅力需求	0.54	0.39	0.47
	功能需要	不妨碍打字	基本需求	0.34	0.58	0.46
第二层	功能需要	温度适宜	基本需求	0.54	0.34	0.44
	认知需要	质地柔软	基本需求	0.42	0.44	0.43
	审美需要	款式多可供挑选	魅力需求	0.48	0.37	0.43
	功能需要	外形结合办公用品	魅力需求	0.50	0.25	0.38
	功能需要	安全	基本需求	0.33	0.38	0.36
第三层	情感需要	提升办公质量	无差异需求	0.34	0.30	0.32
	功能需要	防刮	无差异需求	0.30	0.21	0.26

可以发现针对办公手冷这一问题,调研所得方式需要结果中符合魅力需求属性的需要有5项,符合期望需求属性的需要有5项,符合基本需求属性的需要有4项,符合无差异需求属性的需要有2项。

第一层满意度较高的需求是适用于桌面办公场景、不妨碍使用鼠标需求,不难看出用户在这一场景下获得充分手部取暖的同时能够兼顾办公时的任何需要。产品需要质量轻薄反映了用户对产品有轻便、便于携带的需求,另外用户对产品价格的高低也同样很在乎。

第二层满意度排序中优先级比较高的是魅力需求,不妨碍打字、不妨碍书写也符合用户在办公场景下的需求。防水的需求体现了用户在办公场景下对于便于清理的需求,同时也对产品外观提出了可结合其他办公用品外观、款式多样的外观要求,以及针对手冷问题而提出对温度适宜、质地柔软的需求。

第三层中用户表示对防刮、提升办公质量的需求并不强烈。

通过上表分析,可得到用户针对办公手冷问题中满意度最高的需求共有5个:

(1)符合办公场景下需要。具体表现为在桌面上使用,不妨碍打字、不妨碍使用鼠标、不妨碍写字这几点。通过调研可知大部分用户办公时都会使用电脑或写字,那么在给手部加热保暖的同时不影响用户正常办公,是用户最为关注的一项功能。如手套、暖手宝等方案一定程度上对办公有妨碍,最终选择了桌垫为载体,最大程度上满足了办公需求。

（2）外观简洁大方。也体现对产品在办公场景下的需要。稳重的纯色配色更加适合用户在商务场景下的产品使用需求。

（3）轻薄、质量轻。通过调研可知南方地区许多用户在办公场景下为满足保暖加热的需求，早期使用过一款玻璃台面式的产品，这款产品笨重且占用空间，不便携，问题突出，因此用户普遍反映在满足加热的前提下，对发热载体提出了轻薄、质量轻、便携等需求，这与最终解决方案中办公桌垫的选择不谋而合。

（4）耐脏。由于该问题场景在办公环境，产品不适于经常清洗，因此产品在选择材料方面应当尽量考虑深色配色与耐脏防水等材料。

（5）价格接受区间为100元以下。用户对这款产品的功能要求比较简单，普遍所能接受的价位在100元以下。

至此，团队确定了这个项目中设计部分的产品概念——一款轻薄简洁的暖手桌垫。

5.3 产品设计与落地

5.3.1 产品设计

基于以上对办公手冷问题的用户需求挖掘，最终提出了用户在冬季办公场景下办公桌面手冷问题的解决方案——暖手桌垫，产品实物如图5-4所示。

彩图效果

图5-4 暖手桌垫产品实物图

（1）为满足用户在办公场景下的各种需求，如图5-4、图5-5所示的暖手桌垫符合轻薄方便易折叠的特征，适用于办公场景下，且对日常办公行为无干扰。表面材质选择了皮革，隔绝了发热内芯，质地柔软同时避免在办公场景出现水洒、刮擦等问题。

（2）为满足用户轻薄、质量轻、便携的需求，选择碳晶地暖膜作为发热片，轻且可弯折，便于用户携带移动。

（3）其他需求方面，为满足用户对温度适宜、可调节的需求，设计了无极旋钮，可控制温度在35~55℃，以及高低档开关，控温40℃和55℃，分别满足了用户对精准控温和高低档控温的需要。桌垫分为基础款和图案款，既满足日常办公的需要，又可以根据用户的个性化审美选择自己喜欢的外观，并且提供了定制化图案的服务，最终满足了用户的美观需求。

彩图效果

守望森林

孤岛蓝鲸

酣睡猫咪

静谧空间

图5-5　暖手桌垫外观实物图

5.3.2　工艺设计

就这款暖手桌垫产品来说，其技术核心很明显是内置其中的加热部件，这决定了产品概念中"轻薄"能否实现。经过长时间对于相关技术和工艺的调研，团队发现在韩国已有的一种较为成熟电热地暖膜技术很好地满足了本次设计的技术需要，如图5-6所示。

图5-6 碳晶地暖膜示意图

这种电热地暖膜将碳浆印刷成特定线路排布在半透明聚酯膜上,通电时,在电场的作用下碳分子团(也称为碳晶)产生"布朗运动",碳分子间发生剧烈的摩擦和碰撞,产生大量热量,并通过辐射和对流的形式向外传递达到发热的效果。电热碳晶地暖膜具有热转化效率高、安全稳定、节约空间、使用成本低等优点,在抗寒需求比较大的韩国得到了普遍的应用。同时,电热地暖膜也可以根据需要剪裁尺寸,可以进行一定程度的弯折和卷曲,并且可以达到很好的发热取暖作用。

基于现成的碳晶地暖膜上下缘自带导电铜带,团队设计了如下的生产工艺:

(1)第一步,将碳晶地暖膜、桌垫面材和桌垫底材裁切成特定的形状和尺寸;

(2)第二步,将导线焊接在两端的铜带上,并通过胶黏工艺复合到面材和底材之间,使得导线从面材的开口穿出;

(3)第三步,对发热垫进行缝纫包边,一方面遮挡侧面三层复合材料的切边,使产品美观,同时也是对三层材料的进一步固定,防止因胶水老化导致电暖膜暴露产生危险;

(4)第四步,将控制电路通过结构件固定在桌垫上,并将导线焊接到控制电路上;

(5)第五步,做好简单防水并且将控制盒用螺丝锁死在控制电路上;

(6)第六步,包装出货。

这样的生产工艺看似简单,但是操作起来却问题重重。首先现成的电热地暖膜主要用于铺设家装地暖,为了方便模块化生产,有两条贯穿的铜带,且需要长导线连接到电路上,因此最后桌垫表面上能明显地摸到两根铜带和一条导线,影响表面的平整度,不符合设计需求。其次,预先裁切好面材和底革的形状,不仅增加了工序,也使得复合时的对位更加困难,生产时发现上下偏差很大,不方便包边。评估成本和工艺难度后,团队决定尝试自己印制专用于暖手桌垫的电热膜,并且使用铆钉端子,直接将导线从电路板焊接到发热膜上,既可以使暖手桌垫更加平整柔软,也使得生产效率更高,生产成本更低。

最后实际量产的生产工艺如下:

(1)第一步,印制碳晶电热膜;

(2)第二步,给碳晶电热膜接线口打铆钉端子;

(3)第三步,将碳晶电热膜、桌垫面材和桌垫底材胶黏复合;

(4)第四步,将复合好的桌垫卷材分切成小片,一起裁切成特定的形状;

(5)第五步,对发热垫进行缝纫包边;

(6)第六步,将控制电路通过结构件固定在桌垫上,并将导线焊接到控制电路上;

(7)第七步,做好简单防水并且将控制盒用螺丝锁死在控制电路上;

(8)第八步,包装出货。

5.4 设计思维流程的运用与梳理

在发热取暖产品中,团队进行了用户调研后确定了四个用户问题(办公室手冷、室内脚冷、办公室眼部疲劳、女性痛经),取其中的"办公室手冷"作为设计问题,设计一款"办公室手部取暖产品"。使用Kano需求分析和Better-worse系数分析等设计方法对输入的大量用户信息进行梳理归纳,明确了用户需求。

(1)为满足用户在办公场景下的桌面使用,对日常办公行为无干扰,用户对质量轻、便携的需求确定"以桌垫为载体";在办公环境下使用,不便经常清洗,产品还应具备"耐脏""防水"的特性;而对于取暖产品而言,温度调节是必不可少的,"使用无极按钮"能很好地满足"精准控温"和"高低档控温"的需求。

(2)为达到产品载体"轻薄""耐脏""防水"的条件,"优化电热地暖工艺"成为一个新的抗解问题,需要进一步的"工艺设计",同时满足"平整度"与"热转化效率高"的解决条件,在评估成本和工艺难度后尝试自主印刷制作专用于取暖桌垫的电热膜材料。自此,"工艺设计"完成了一个新的完整的循环推导,工艺创新驱动产品设计创新。

（3）"外观简洁大方"，是对产品适配办公场景的需要，"纯色配色"是商务场景下产品外观的良好选择；此外，为满足用户的"个性化审美"，"定制化图案服务"呼之欲出。

推导过程如图5-7所示。

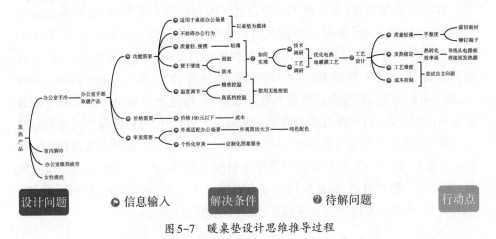

图 5-7　暖桌垫设计思维推导过程

5.5　迭代思维

从全链路的思维出发，新的产品在推出后，必然有问题存在，及时发现和改进才能使产品真正成熟起来。在产品产出到推广售卖的整个过程中，团队一直在关注产品的用户反馈——包括技术层面的功能实现，形式工艺层面的使用体验等各种市场的反馈。

5.5.1　二代产品迭代：恒温

在销售中，客户反馈体现出了一个设计阶段被忽略的需求——安全。虽然在产品设计过程时，充分考虑了各种安全隐患，对暖手桌垫进行了防水、防刮、防漏电处理，但是消费者在购买前还是会反复确认产品的安全性能，销售人员在解释和说明环节耗费了大量精力和成本。因此，产品的安全性能必须标识于表面，简单易懂，让没有专业电器知识的消费者也能了解这款暖手桌垫是安全的。

首先是改变电压，220V电压的安全性是消费者最多考虑的一项，消费者担心在比如进水或者划破表皮的情况下，直接接触220V电压工作的暖手桌垫会产生危险；由于在公众意识中36V以下的电压才是安全电压，最终团队选择增加

220V转24V适配器,使用24V电压为暖手桌垫供电。在这样的情况下,即使发生进水或者划伤损坏,消费者也会自觉地认为接触24V电压是完全安全的。24V低压暖手桌垫的推出获得了许多为了买给孩子写作业用的父母的信任,扩展了一个新的市场。

其次是温度问题,虽然暖手桌垫设置了温度检测和控制模块,但在实际使用中,往往会将一些小物品长时间放置在桌垫上,比如键盘和笔记本,长期覆盖会导致暖手桌垫局部过热。几乎所有取暖器都需要面对局部过热的问题,从其他传统加热电器了解到有一种PTC陶瓷发热片,PTC是Positive Temperature Coefficient的缩写,通常指正温度系数热敏电阻,即这种热敏电阻的阻值会随着温度升高而升高,因此在过热的情况下电阻会大幅上升,进而使发热元件的发热量降低,达到主动控温的效果。受到这种控温方式的启发,团队也尝试将PTC特性引入柔性发热片中,经过多次实验终于调配出合适的配方,以此制成恒温发热膜,无论多少物体覆盖,都能保持在安全温度以内;同时也加入定时功能,默认4小时关机,不用担心因为忘记关机导致长时间覆盖产生危险。

5.5.2　三代产品迭代:个性化图案定制

暖手桌垫最早推出时是作为一款功能产品,控制器采用机械按键和旋钮式设计,分别具有双挡调温和无极调温功能,操作简单便捷,可以精准和直观地进行温度调整。但是现今社会需求变化很快,用户更加偏爱个性化的产品,将暖手桌垫作为办公环境的装饰品,对桌垫本身和控制器的造型有了更高的要求。因此团队也专门设计了产品造型:控制器采用金属电镀件搭配精致的晶格纹的方案,同时,为了满足用户日益增强的个性化需求,我们也提供了桌垫图案的个性化定制,以满足不同年龄段,不同审美偏好的用户,如图5-8、5-9所示。

彩图效果

彩图效果

图5-8　控制器设计方案

图5-9　个性化定制图案设计

5.5.3 产品工艺迭代

相比最初提出的工艺路线,目前采用的工艺有了极大的改善,但是生产仍然处于落后的手工生产工艺,无法自动化。主要原因就是发热膜与控制电路的连接只能依靠导线焊接,而导线焊接存在较大误差,只能依靠人工处理。

团队注意到苹果笔记本的 MagSafe 充电头,它使用磁铁的吸力,使电源线和电脑的弹性导电触头紧紧地连接在一起,实现大功率的输电,而不是使用传统的接插头。受其启发,团队开始尝试依靠弹片和塑料结构,直接将控制电路的输出端接到发热膜上,依靠结构将触点锁死,从而不用进行繁琐的焊线工作,不仅可以大幅降低生产成本,并且可以使电路连接更加稳定安全。

5.5.4 产品系列迭代

随着暖手桌垫这一产品的热卖,团队逐渐在业内树立起了冬季办公取暖的品牌,随之也更加关注其他取暖场景,丰富产品种类。从前期用户信息的采集可知,除了办公手冷外,室内脚冷问题也受到很多关注。应用桌垫生产的经验,首先就设计了柔性暖脚垫。如图 5-10 所示。

图 5-10 办公暖脚垫及结构示意图

暖脚垫主要考虑办公室暖脚需求,相比暖手垫,暖脚垫的一个更加主要的用户需求就是方便清洁,与手不同,脚部往往包裹在鞋类和袜子中,不像手一样可以频繁清洗,因此暖脚垫需要采用更加耐磨易清洗的材质,并且可以耐受高温。最后,团队使用专业的工程地板革作为面材,并在底部使用带铝箔反射层的保温棉,防止热量通过地板散失。采用暖手桌垫控制器改造的脚踏式开关,一方面不用弯腰操作开关,一方面也降低了研发成本,使得其和暖手桌垫实现物料的通用。

暖脚垫虽然方便在公共场合使用,但是其面材较硬,最好穿鞋使用,裸足的交感较差;那么在居家等更加私密的场景,是否可以更加舒适地暖脚呢? 于是在暖脚垫的基础上,又设计了一款在家中使用的毛绒暖脚宝,在暖脚垫的基础上在发热垫上设置一个毛绒脚套,可以将脚伸到脚套中,享受温暖的脚部SPA;并且脚套部分可以拆卸,方便清洗。如图5-11所示。

图5-11　分体式毛绒暖脚宝

暖手暖脚的几类产品解决了冬日室内取暖的问题,但是还有室外取暖的需求。通过分析结合自身实际,确定使用新型的改性导热材料开发一款定位中高端的便携电暖手宝,对传统电暖手宝进行一定的微创新,在符合大众需求的基础上有一定识别度和差异度。考虑到使用室外取暖产品的用户大多是年轻女性,因此在设计上偏向于可爱粉嫩的风格,在进行几轮草图迭代后,确定以小鸟为意向深入设计。如图5-12所示。

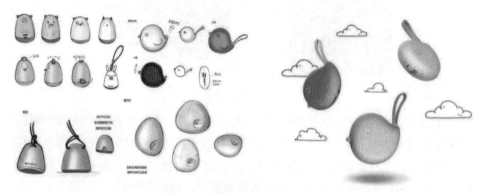

图5-12　暖手宝草图及渲染图

小鸟的嘴巴为拨动开关,可以设置一二档两种档位,鸟眼是工作指示灯,尾巴是硅胶提绳,将产品功能和产品造型达成了完美的结合。同时采用柔暖的硅胶漆做表面处理,摸起来更加柔软舒适,并且带有充电宝功能,可以供手机应急充电,是冬日户外好用又好看的取暖小物。如图5-13所示。

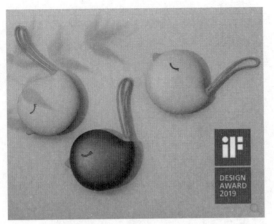

彩图效果

图5-13 小鸟暖手宝产品图

从用户思维出发,抓住冬日取暖的痛点,通过办公手冷这一小点推出暖手桌垫这一产品,让用户体验到冬日取暖的新方式,进而从手暖到脚,从室内延伸到室外,推出一系列暖手暖脚产品,为用户提供一种新的过冬生活方式,温暖优雅地度过冬天,也在竞争激烈的取暖用品市场中发掘了一个新的商机。

第

6

章

CHAPTER 6

便携按摩新物种——用户思维打造
迷你按摩仪

6.1 产品提出

由不良姿势、久坐久站等原因导致的肌肉酸痛已经成为现代人的顽疾。从社会角度看,我国老龄化程度不断加深,"996"是很多中青年的生活常态,这势必导致越来越多的人受到肌肉酸痛的困扰。从经济角度看,随着我国经济平稳较快地发展,国民在健康及个人护理领域的支出呈逐年上升趋势。

来自浙江大学的研究生杨铭森发现了这一市场机会,考虑到健康产业迅猛发展,市场行情瞬息万变,他决定打造一款小而美的按摩产品,利用敏捷研发快速切入市场。

他带着团队首先对市售按摩器进行了初步调研,根据按摩形式可将按摩器大致划分为三类,分别为机械按摩器、气动按摩器、微电流按摩器。

机械按摩器利用滑轴、滚轮等一系列机械结构模拟人手按摩,生产装配相对复杂,其关键结构多受专利保护且细分子类繁多,市场竞争激烈。这类产品通常体积较大,适于家用,除按摩椅外多用于局部按摩。对此类按摩器进行创新性设计需要较大的前期投入,同时由于同类产品繁多且技术成熟高,较难做出差异点。

气动按摩器利用气囊充放气实现局部按压,结构复杂度低,但按摩力度普遍偏小,多见于眼部、足部。由于其按摩体感逊于机械按摩器,手法较为单一,在腰部肩颈部这样的肌肉酸痛"重灾区"尚未出现适合的气动按摩解决方案。

微电流按摩器使用TENS(Transcutaneous Electrical Nerve Stimulation,经皮神经电刺激)及EMS(Electrical Muscle Stimulation,肌肉电脉冲刺激训练)技术,

利用中低频脉冲电流刺激肌肉,模拟人手按摩的体感,多适用于腰、肩颈、四肢等多个部位。微电流按摩器多包含控制器和电极贴片两部分,产品结构简易体积较小,适合随身携带。同时杨铭森发现微电流按摩器贴片的制备工艺与兄弟团队的产品发热桌垫的制备工艺有诸多相似之处,而他们多年从事桌垫生产研发工作,在导电膜制备及PU(聚氨酯)复合方面积累了大量的经验。由于发热膜与电极贴片功能十分类似,有成员提出利用工艺改进制备兼具热敷及微电流按摩功能的产品。现有微电流按摩产品多不具备加热功能,具备加热功能的产品需要外接电源,用户体验存在极大的提升空间。

对早期调研进行分析探讨后,基于研发难度低、适用场景多样、现有竞品存在明显缺陷这三点,他们选择微电流按摩器作为产品研发方向。

6.2　用户思维

团队将产品初步定义为"一款具备热敷功能与微电流功能易于操作便于携带的按摩产品"。与已有热敷按摩贴片不同的是,该产品在热敷时无需外接电源,并在此基础上保持小巧便携的体积,从而在兼顾多场景使用的同时降低热敷功能的使用成本,使热敷功能更实用、更易用。完成初定义后,什么类型的用户会购买这样一款产品、他们具有哪些需求、他们对产品抱有哪些期待成为亟须解答的问题。为了对这些问题做出解答,团队开展了一系列的用户调研与数据分析工作。用户思维旨在帮助研发人员避免漫无目的的设计,明确目标用户及设计方向,同时打破自身思维的局限性,跳出技术思维,让产品更加人性化。

6.2.1　预访谈

在问卷调研及深度访谈前,首先采取预访谈的方式了解用户概况,这些概况包括疼痛状况、价值观念、产品偏好等内容。预访谈收集到的资料主要有两方面用途,其一可以帮助团队成员排除一些前期构想,其二能够帮助团队成员明确对产品设计有意义的信息维度。

预访谈提纲包含年龄、性别、职业、肌肉酸痛部位、酸痛缓解措施、措施有效性、按摩器选购主要考虑因素、按摩器使用场景等维度。在未确定目标用户的条件下,对被试的选择应以年龄、职业、收入分布尽量分散为原则。尽量大的个体差异能够帮助团队成员对用户状况有更加全面的认知。

通过熟人网络、线上社区等渠道招募受肌肉酸痛不适问题困扰存在按摩需求的用户,最终有10位用户接受邀请。采用语音电话的方式进行预访谈,并采用录音记录。受访用户的年龄分布在23~65岁不等,其不适部位主要包括腰部、背部、肩颈部、膝部。有7位受访者曾购买并使用过家用按摩器,包括按摩椅、按摩枕、手持按摩器、微电流按摩器。被问及希望在什么场景下使用按摩器时有6位被访者表示凡是遇到肌肉不适的状况时均希望采用按摩或其他形式进行舒缓,然而受工作劳务约束通常需要等到空闲时间段才会使用按摩产品。在提及微电流按摩时有2位被访者担心长时间使用电刺激会产生副作用,而前期的文献调研表明采用中低频微电流缓解疼痛是一种安全无副作用的理疗方式,在医学领域已广泛应用于临床。团队成员基于访谈情况进行了如下思考:

(1)受肌肉不适困扰的人群存在实时性疼痛缓解需求,然而由于疼痛出现环境的复杂性,体量大、操作复杂的按摩器难以满足"随痛随用"的要求,小体积按摩贴恰恰是解决这一问题的不二选择;

(2)在设置微电流功能时需对其每日使用时长加以限定,同时采用微电流原理的按摩器在产品宣传与描述上应尽量避开"电流"二字,利用"仿人手按摩"等描述性语句加以说明更为适宜。

完成预访谈后,团队成员利用头脑风暴得出4大类18个维度为问卷问题的设计提供参考,维度选择以用户是否在该维度出现与按摩产品相关的明显行为差异为依据。4个大类分别包括:人口学信息、疼痛概况、与疼痛按摩相关的行为数据、按摩器选购倾向。人口学信息包含性别、年龄、职业、月收入四个维度。疼痛概况包括有多久的疼痛史、疼痛部位、酸痛不适出现的频率、每次酸痛不适持续时长、酸痛出现的场景五个维度。与疼痛按摩相关的行为数据包括疼痛缓解措施、曾用按摩器类型两个维度。按摩器选购倾向包括对便携性的态度、对热敷功能的态度、对微电流功能的态度、预期使用时长、预期使用场景、预期售价、产品购买意七个维度。采用问卷的形式提取用户这18个维度的信息用于用户画像的建立与目标用户的确定。

6.2.2　问卷调研

问卷主题为"肌肉酸痛情况与按摩器使用情况调研",针对18个维度依次设置结构化问题用于用户信息的获取,采用结构化形式能够降低被试填写成本及问卷数据的分析难度。在问卷开头设置分类题将未受肌肉酸痛问题困扰的人群筛选出来,在问卷结尾设置填空题收集问卷填写者的联系方式,以便后续的深度访谈工作。完成问卷初稿后,在小范围内寻找存在肌肉酸痛问题的人员进行试填写,根据受试者反馈修订问卷形成最终稿。

通过专业的问卷分析方法,团队从问卷结果中得出了五类人群。

第一类群体多为青年,肌肉酸痛问题并不严重,对便携性、热敷、微电流的看法均呈中立态度,对"一款具备热敷功能与微电流功能易于操作便于携带的按摩产品"的购买意愿弱,明显不适合作为热敷按摩贴的目标用户。

第二类群体集中在中青年,具有较长时间的肌肉酸痛史,肌肉酸痛问题较为严重。这类人群对便携微电流热敷有着较大的兴趣,同时表现出强烈的购买意愿,基于这些特征将其暂定为目标用户。

第三类人群具备较高的消费能力,但对便携性和微电流功能无感。

第四类人群主要为中年人,其疼痛概况及对产品功能的态度和第二类人群类似,但购买能力较弱,预期售价在百元以内,较难支撑对应的产品成本。

第五类人群同样为中年人,其消费能力和对产品功能特点的态度类似于第三类人群。除了针对每类人群的横向比较外,通过对各功能吸引力的纵向比较可以发现热敷功能对用户的吸引力更高,为"在微电流按摩贴的基础上加入热敷功能"这一构想提供了支撑。

同时,问卷的结果分析显示符合目标用户特征的用户以女性居多,其酸痛部位集中在肩、颈、腰部,酸痛发生场景多为办公久坐场景,预期产品使用场景主要包括办公室内、家中、交通工具内,推拿按摩及外敷药物是这类人群的主要疼痛缓解手段。有2/3的用户曾购买过按摩器,其中3/4为机械按摩器,其余为微电流按摩器。为了对暂定目标用户进行明确及细化,团队成员联系了问卷中留下联系方式的用户对其进行了深度访谈。

6.2.3 深度访谈

深度访谈是获取用户信息洞察用户心智必不可少的一环,面对面的开放式交流能够帮助研究人员获取到大量意料之外的信息。团队成员借助电话、微信等方式联系受访对象,依据目标用户特征对受访者进行筛选,共邀请到10位用户进行面对面深度访谈。深度访谈结合预访谈及问卷调研的结果制定访谈提纲,提纲包含用户基本信息、肌肉酸痛缓解简述、产品预期三部分,部分访谈提纲如表6-1所示。

表6-1　访谈提纲

肌肉酸痛缓解简述	肌肉酸痛部位
	出现肌肉酸痛的主要场景及这些场景下的应对措施
	曾采用过哪些措施缓解酸痛？选购过何种类型的按摩器？
	为何采取这些措施？为何选购这种类型的按摩器？
	现在还在采用的措施/使用的按摩器有哪些？这些缓解措施/产品效果如何？优缺点所在
	简述酸痛缓解措施和按摩器使用步骤
	在缓解酸痛/按摩产品使用过程中遇到过哪些不便？
尽可能详细地向被试描述"一款具备热敷功能与微电流功能易于操作便于携带的按摩产品"的构想	
产品预期	是否对这样一款产品感兴趣？
	对于凝胶贴肤使用方式的看法
	对于微电流功能的看法
	对于热敷功能的看法
	对产品体积及重量的要求
	对产品续航时间的要求
	希望在哪些场景下使用这样一款产品
	当产品贴附在后背等视野无法触及的地方时可以接受哪些控制方式？（遥控、线控、APP）
	预期售价？
	产品购买意愿

　　用户访谈收集到大量的语音和文字信息，团队采用用户陈述提取与需求转化的方法对这些数据进行了定性分析。

　　用户陈述是指那些表达出用户需要但不包含或包含少量产品设想的语句。包含大量产品设想的语句往往缺少对于设想的逻辑推敲而掩盖用户的真实需求。将用户陈述语句提取出来后需要人为将其转化为需求陈述，需求陈述通常使用肯定句，通过描述产品属性来表达用户需求，能够直接为产品设计服务。

　　针对热敷按摩贴的部分用户陈述与需求转化如表6-2所示。

表6-2　需求提取

用户陈述	理解的需求
感觉按摩力度不够	具备足够强的最高按摩强度
会用热水袋放在腰上	具备热敷功能
上班路上不会带包，但希望随身带着按摩器	具备能装进衣裤口袋的体积

完成需求转化后将每个需求写在一张卡片上,利用卡片归纳分类法将需求进行归类,完成归类后再次邀请受访用户对需求陈述进行打分,通过需求陈述的分级确定产品设计过程中的优先级。完成打分及层级排序后的需求层级列表如图6-1所示,分数由1至3表示需求强度依次增大。

用户需求陈述与分级

微电流功能

3电流强度可调节
3最高档强度足够强
3有不同的电刺激模式
2在电流强度很高时有防触电功能
2不同电刺激模式能带来明显不同的感受

热敷功能

3恒温热敷
3防烫伤
2无线热敷
2温度可调
2 1分钟内有温灼感
2热敷功能和微电流功能能独立控制分割开关

控制

3使用主机按键进行控制
2具备无线控制功能
2具备有线控制功能

外形

3控制器隔着衣服不会显露出来
2控制器适合单手持器操控
1贴片能够装进衣裤口袋里
1配色朴素能和衣物百搭

续航时间

2满电后可使用1-2小时
1充电时间在2小时以内

信息提示

3灯光提示
1声音提示

图6-1　用户需求层级列表

除了需求挖掘外,团队利用深度访谈对用户行为场景信息加以明确。在按摩器使用行为方面,有8位受访者使用过机械按摩器,但对机械按摩器的效果多表示失望,其主要原因在于按摩力度不够、按摩位置不准确、按摩手法单一,而这些问题恰恰是微电流按摩器的优势所在。此外有4位用户提到过度按摩,担心力度过大或长时间的按摩会对肌肉造成损伤,而在提及微电流按摩时也表达出同样的担忧。在进一步探讨后有用户提出可以采用微电流按摩和热敷交替使用的方式,避免某一功能的长时间使用从而降低其潜在的副作用。

在场景方面团队将问卷中收集到的预期使用场景分为三类,第一类为私密场景,如家中、私家车内;第二类为半开放场景,如办公室、图书馆内;第三类为开放场景,如公交车、超市内。根据深度访谈,用户基本会在前两类场景下使用产品,而在半开放场景下,用户对于产品的便携性、操控性及易佩戴性会提出更高的要求,因此在产品设计过程中主要针对第二类场景进行功能设置。

结合深度访谈对问卷调研中的暂定目标用户特征进行补充得出了如图6-2所示的目标用户画像,画像各维度特征均基于真实数据,产品团队能够借助用户画像结合移情图等工具进行一系列的设计决策,排除一些没有必要的功能,一个简单的例子是由于产品需要适用于半开放场景,因此使用声音进行状态提示并不合理。

PERSONA

景藤

32岁

●生活在杭州,二梯队互联网企业文职工作,月收入8~12k

●假期喜欢家里蹲,双十一必剁手,爱好新奇事物

疼痛概况

●工作8年每周上班5~6天,主要从事文案或报表整理,离不开电脑和办公室,长时间伏案是肌肉酸痛的主要诱因

●3年颈痛史,最初在加班后休息不足容易颈痛,起初并不在意,30岁以后逐渐加重,如今坐着办公超过两个小时颈部肌肉就会发酸

●酸痛可以忍受但会影响工作效率,一般发生在下午,多会持续一个半天

缓解概况

●上班时通常会不时仰头或自己用手揉捏酸痛部位加以缓解,缓解效果一般,最多持续几分钟

●家里买了按摩枕,有两个转头挤压颈部肌肉也有加热功能,按摩头太硬不是很舒服,肌肉紧得厉害的时候会用一用,不敢长时间使用怕伤到肌肉

●看过西医医生说没有骨质问题,建议多休息。疼的厉害会去中医部做理疗,平均一个月去一次,一般是电疗+热敷,理疗后两三天内肌肉不会再酸痛

产品要求

●平时上班会带一个能装手机、化妆品的小包,产品最好和iphone x大小类似,方便携带

●对产品的预期售价在100~200元

●在微电流基础上要求加入热敷功能,不需要太热,一个档位就足够了

●单次使用时间不会太长担心有副作用,满电时可以微电流加热1个小时左右

●产品要轻薄贴身不显露,因为会在办公室使用最好能够静音

图6-2　目标用户画像

至此,团队基本完成了设计概念的确认工作,即"一款具备热敷功能与微电流功能易于操作便于携带的按摩产品"在填补市场空白的同时能够切实满足用户需求,结合现有资源进行考量,适合作为团队首款主打健康个护概念的产品。

6.3　产品定义与概念设计

6.3.1　基于5W2H的产品定义

详细的产品定义能够帮助研发人员形成对待研产品的全面认知,从而在设置功能参数时有章可循。利用5W2H的方法进行产品定义能够对为谁设计、在什么场景下使用、预期成本、产品核心功能及规格原理参数等问题做出清晰直观的阐释,可以和产品PRD(Product Reguirement Document,产品需求文档)结合起来加以使用。5W2H产品定义法如图6-3所示。

基于 5W2H 完成产品的定义
- WHO 针对谁
- WHEN&WHERE 在什么场景下用
- WHAT 明确产品的核心功能
- HOW MUCH 价格多少
- HOW 确定产品的技术原理与规格
- WHY 给出如此定义的分析过程

图6-3　5W2H产品定义法

根据目标用户画像可以得出微电流热敷按摩贴主要针对年龄在28~38岁受肩颈腰部肌肉酸痛问题困扰的职业女性。

使用场景主要包括上班工作久坐久站后的休息时段,下班回家后的轻度办公场景以及睡觉前。产品核心功能包括微电流按摩及热敷功能,两个功能同时使用的续航时间在1~2小时。

预期售价从两方面进行评估,其一是参照问卷及访谈中用户对产品售价的预期,第二是从竞品售价及产品成本出发进行考量,综合以上两个因素得出160~200元的预估售价。

产品规格是对技术要求和用户需求加以权衡的结果,在技术层面需要实现1~2小时的热敷续航,因此需要在控制器内放置体积较大的大容量锂电池,而从用户需求看则要求控制器尽可能轻薄贴身不显露。

团队首先从用户需求出发,依次选购从小到大的方形锂电池试制发热原型,为保证比例协调选择接近控制器横截面积3倍大小的面积作为发热面积,经过一系列实验,在满足续航时长及轻薄贴身的基础上选择504040型号的聚合物锂电池作为电源,将发热功率设定为3W,在预留控制板空间后提出55mm×55mm×16mm的最大控制器尺寸。此外,为了能够赶在冬季售卖,暂缓了蓝牙控制的开发而使用1.2m长延长线实现遥控功能。

微电流热敷按摩贴最终产品定义如图6-4所示,值得一提的是在整个研发过程中产品定义并非一成不变的,而是利用迭代思维不断根据研发进度或可用性测试中出现的问题进行调整,如图中所示的产品形式,早期希望将控制器和贴片做成不可拆分的一体式,然而出于控制器体积偏大,一体式不够精致及可以将整片贴片做成耗材等考量最终选择分离式方案;在核心功能中曾加入药敷功能,然而在原理求证阶段发现尚不存在真正有效的药物施加方式而将该条目作废。

WHO 针对谁		28~38岁受肌肉酸痛问题困扰的职业女性
WHEN & WHERE 场景	WHEN 使用时间	伏案工作时 | 久坐后休息时 | 家居办公 | 睡前 | 旅途中
	WHERE 使用地点	办公室 | 卧室客厅等家居环境 | 健身房 | 私家车内
WHAT 核心功能		多模式可调档微电流按摩功能 | 42°C恒温热敷
HOW MUCH 价格		160~200元
HOW 产品规格		控制器及贴片可分离 | 控制器55mm×55mm×16mm | 贴片55mm×170mm | 延长线1.2m | 电池5mm×40mm×40mm容量900mah最大放电电流1.5C | 水凝胶厚度0.8mm | 发热功率3W | 微电流最大档位100V,频率包含2hz、4hz、8hz、16hz、45hz

图6-4 产品定义

6.3.2 产品概念设计

产品设计经历了前期草创、中期模型评审以及利用可用性走查修正细节最终定稿3个阶段。在草创阶段设计输入主要包括如下3点:①为中青年设计,偏女性;②风格温润柔和,偏小资情调;③按键分布合理,易于学习,在不可见情况下可以通过触感进行按键识别。

这一阶段的设计较为开放,在控制器形状、按键拆分数目等方面没有进行过多的限制,意向图的选择范围也较为广泛,选用了耳机、家居装饰等事物加以参考(图6-5),这一阶段的方案产出如图6-6所示。经过会议讨论由于内置电池为方形,为了使控制器体积尽可能小巧,采用圆角矩形更为合理,因此保留方案B和方案F。其中方案B的按键分布分散风格近似游戏机手柄,缺乏家居感,方案F02需要在按键细节方面进一步探索,基于这些反馈利用建模完成产品造型表现进行二次评审。

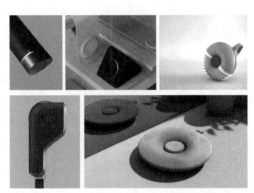

图6-5　意向图

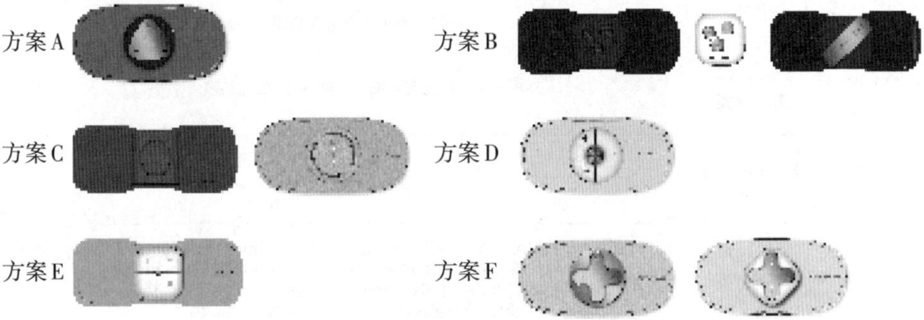

方案A　　方案B

方案C　　方案D

方案E　　方案F

图6-6　方案产出

中期模型表现共产出如图6-7所示的4组方案。

方案汇总

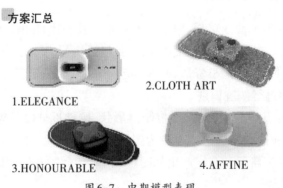

1.ELEGANCE　　2.CLOTH ART

3.HONOURABLE　　4.AFFINE

图6-7　中期模型表现

方案1:在外观上采用一体按键将微电流增大、减小及模式切换键融合在一起,中间为模式切换键,使用环形凹陷进行标识,左侧平面为强度减小键,右侧有凸点部分为强度增大键,使用凸点增强触感方便区分。开关机及热敷控制功能集成在侧键上,整个控制器温润简洁。

方案2:在草绘方案B的基础上对CMF加以改进,采用了布制品的风格使其更具家居感,然而该方案的按键分布仍然较为零散缺乏一体性,控制器的布制纹理在工艺实现上具有难度。

方案3:延续了草绘方案F,在贴片上采用印花方式增强机理感,该方案的按键布制集中而复杂,学习成本较高,在依靠触感识别按键的情况下容易出现误触。

方案4:采用硅胶按键的方式,在保证一体性的同时增强亲和感,采用了类似方案1的按键布局,然而在竞品调研过程中,团队成员发现市面上已有采用类似方案的控制器。

综合以上判断,最终选择按键布局新颖操控逻辑清晰的方案1进行造型细化,在进行可用性测试前对贴片造型进行了微调并补充了灯光设计及延长线设计方案。

6.3.3　可用性走查

产品设计基本定稿后,为了对按键操控可行性进行验证,团队进行了可用性走查工作,该工作可大致分为3个部分:①利用快速原型工具完成功能手板的制作,根据产品核心功能设定实验任务;②根据目标用户特征招募被试并准备实验场地;③进行可用性测试,要求被试按照任务列表依次完成任务,观察用户使用过程并加以记录。

可用性走查任务列表如表6-3所示,分别将按摩贴贴附在颈、肩、腰部进行可用性测试。实验共招募到12位被试,年龄在28~35岁,根据按摩器使用经验将12位被试分为3类,第一类被试从未使用过按摩器,第二类被试使用过机械式按摩器但未使用过微电流按摩器,第三类被试使用过微电流按摩器。按照各组性别、年龄、按摩器使用经验基本相同的原则将被试等分为2组,模拟办公室环境分别在有延长线及没有延长线的情况下进行测试。

表6-3　可用性走查任务

任务列表一：		
1.打开按摩器开关		
2.将按摩器与电极贴片利用延长线连接在一起		
3.撕掉电极贴片水凝胶保护膜		
4.1将按摩贴贴附至颈部	4.2将按摩贴贴附至背部	4.3将按摩贴贴附至腰部
增强微电流强度至合适挡位	增强微电流强度至合适挡位	增强微电流强度至合适挡位
切换按摩模式选至合适的按摩模式	切换按摩模式选至合适的按摩模式	切换按摩模式选至合适的按摩模式
坐在预先安排好的座位上5分钟进行访谈	坐在预先安排好的座位上5分钟进行访谈	坐在预先安排好的座位上5分钟进行访谈
期间可以随时调节按摩强度、模式或开关热敷	期间可以随时调节按摩强度、模式或开关热敷	期间可以随时调节按摩强度、模式或开关热敷
减小微电流强度至0挡	减小微电流强度至0挡	减小微电流强度至0挡
结束后关闭按摩器	结束后关闭按摩器	结束后关闭按摩器
任务列表二：		
1.打开按摩器开关		
2.将按摩器与电极贴片吸附在一起		
后续步骤同测试一		

完成测试后对可用性问题进行汇总及分级,主要问题及修改方案包括如下几点:

(1)微电流控制按键上的环形凹陷及凸点指向不明,几乎所有被试在首次使用时都没有意识到中间按键的存在,增加了用户的学习成本,修正后的按键设计如图6-8所示。

图6-8　修正后的按键设计

（2）没有延长线将大大降低产品使用效率及被试满意度，基于这一问题在产品正式开售后，延长线通常会作为赠品赠送给消费者。

（3）贴片由于过硬而较难弯曲，虽然能较好地贴附在腰部肩部较为平坦的部位，但在颈部起翘严重，几乎无法贴牢，为了解决这一问题量产研发过程中需重点对贴片制备工艺进行了改良。

最终可用性问题汇总如表6-4所示。

表6-4　最终可用性问题

发生频数	可用性问题	效率问题	满意度问题
高(7~12)	1.不能切换按摩模式； 2.不能在颈部将按摩贴贴牢	1.按下位于后背的按键很不方便(无延长线组)	1.切换微电流按摩模式的时候按摩强度也会发生变化
中(3~6)	1.不能调节按摩档位	1.延长线公母头接反； 2.按下位于腰部的按键很不方便(无延长线组)	1.不能使用无线遥控控制
低(1~2)	1.不能开启热敷	1.按下位于颈部的按键很不方便(无延长线组)	1.不能自定义温度； 2.热敷温度不够

6.4　设计思维流程的运用与梳理

在按摩产品设计中，经过市场调研、技术调研、竞品调研和团队资源等信息输入后确定了设计一款"微电流按摩器"，并开展了一系列的用户调研与数据分析工作，明确目标用户及设计方向。

（1）在按摩效果方面，"微电流按摩"不仅能很好缓解用户局部"肌肉酸痛问题"，还能避免"机械按摩器效果不佳"的问题。此外，部分用户是"使用热敷缓解不适"的行为，支撑了加入"热敷功能"的构想，同时由于新功能的加入，不仅填补了"现有微电流按摩产品不具备加入功能的空白"，两种核心功能的"交替使用"，且"续航时间在1~2小时"可避免用户"过度按摩的担忧"。

（2）在用户预期使用场景中，用户对于产品的"便携性""操控性"及"佩戴性"提出了更高的要求，同时目标用户为中青年女性，"美观性"也是外观设计的重要考量之一。在具体的外观设计中，还考虑了"控制器体积""按键分布"等具体要素，最终在保证"一体性"的同时具有亲和的"家居感"。

（3）"可用性走查"也可看作一个相对独立的循环，在输入了测试的结果信息后，进行了"按键设计"、"延长线设计"及"工艺改良"，使得最终的产品设计为用户提供更好的使用体验。

推导过程如图6-9所示。

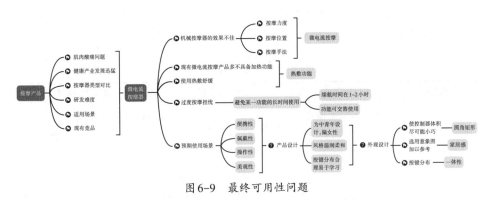

图6-9 最终可用性问题

6.5 整合创新设计

6.5.1 工艺流程再设计

热敷按摩贴的产品研发主要分为两部分，第一部分是控制器的研发，包括外壳结构设计、控制电路板开发等工作；第二部分是贴片研发，即将发热膜和负责微电流传导的导电膜复合在一片贴片上。

贴片研发是团队比较擅长的领域，但也是整个项目的难点所在。在研发初期，团队成员认为可以直接使用杜锐团队暖桌垫的制备工艺制备热敷按摩贴片，然而在多次试制后发现热敷按摩贴片和暖桌垫在结构上虽然存在相似之处，但在制备精度、电流传导方向、成品柔韧性等方面存在着截然不同的要求，因此不可能直接套用现有工艺进行制备。在走访供应商的过程，团队了解到此类热敷按摩贴片的制备具有一定的技术壁垒，在行业内仅有少部分厂家能够生产此类贴片，这些厂商的制备工艺对外均呈保密状态，也是由于这一原因热敷按摩贴片的售价通常较为高昂。为了攻克这一难题击穿行业壁垒，团队决定充分调动现有资源进行工艺流程再设计，实现自主独立的贴片制备。

在膜复合结构基本确定的情况下，首要工作是保证各层之间复合的精度，通过加入更多的对位工序可以解决复合精度问题，但最终成品柔韧性极差，贴在曲度较大的部位容易起翘,难以保证舒适贴合的使用体验。其原因在于发热膜及微电流传导膜均使用了较厚的PET膜,两层膜及一层PU,经复合后其柔韧性急剧下降。为了提高成品柔韧性,团队向供应商定制了最薄的PET膜,然而轻薄PET膜在印刷发热电路的过程中极易出现褶皱,这种褶皱在完成两层膜的复合后会变得更加严重,此外经过试制后发现,成品软硬度除受PET膜厚影响外,还在很大程度上取决于复合用胶的厚度,在PET膜上预先涂抹超薄热熔胶是当前已知的最薄上胶工艺,然而预先涂抹热熔胶将导致丝网印刷制备的导电电路无法放入烘箱进行烘烤从而造成电路阻值不稳定的问题。为了解决上述一系列连锁问题,团队首先从材料入手,将负责微电流传导的印刷薄膜更换为石墨烯薄膜,避开了烘烤工序,此外将整片对整片复合的工艺更改为多条薄膜对整片薄膜进行复合,有效解决了复合后贴片起皱的问题,最后对贴片各层之间的复合顺序进行调换,使其更符合产线原有的生产制备习惯。通过工艺流程的再设计,在原有产线的基础上仅添置了一台用于热复合的平板烫设备便实现了热敷按摩贴片的量产,在保证产能的同时降低了贴片成本,保证了其使用贴合的舒适性,利用工艺端的层层优化提高了产品竞争力。

6.5.2　迭代思维

产品正式发售后,工艺功能的迭代也同时启动。迭代思维贯穿于产品全生命周期,是保证产品方向准确维持产品竞争力不可忽视的一部分。贴片方面探索新工艺,进一步将贴片做薄、做软,保证贴合度。在控制器上加入蓝牙控制功能,优化产品操控体验,此外根据消费者所反映的问题针对微电流按摩模式进行优化。

在发热膜制备工艺方面,其难点在于需要将发热电路与导电电路分隔开,旧工艺在两层电路之间复合预涂膜进行隔离,其成品在柔软度方面已和市售产品无差异,但距离贴肤不起翘的理想状态还有一定的距离。团队工程师在和一家曾经合作的铝蚀刻供应商交流时无意间谈到了这一问题,碰巧的是该供应商有一种双面蚀刻并实现两面电路联通的工艺,而该工艺恰恰是实现发热电路与导电电路隔离的最为直接、有效的方法。经过多次打样不断修正技术参数最终将原先的双层膜减少为单层膜,极大地提高了成品柔韧性。此外,贴片外观面由棉麻布纹PU更换为更为柔软轻薄的超纤科技布,优化了贴片外表面触感,也让产品贴合度更加趋于极致。控制器方面加入蓝牙控制功能,按摩贴完成首次配对后开机即可自动连接至手机,利用手机APP轻松调节按摩模式、力度,并开关热敷,摆脱外接线的束缚,最终产品效果如图6-10所示。

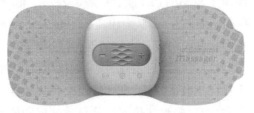

彩图效果

图6-10　最终产品

　　部分消费者反馈在使用按摩贴的过程中会遇到按摩强度调大,出现针扎感的问题,在前期研发阶段团队曾针对该问题进行研究,认为其主要原因在于贴片贴附的部位有伤口或水泡。然而消费者反馈即使贴附在完好的皮肤表面也会出现该问题。经过一系列的测试及讨论,利用溯因推理的思路,团队找到了刺痛感的根源所在。首先刺痛多发生于贴片贴附不牢的情况下,贴附不牢主要由于凝胶在多次使用后粘性下降,虽然可以换用粘性更强的水凝胶延长贴片使用次数但无法完全避免贴附不牢问题的出现。此时问题似乎陷入僵局,然而进一步思考会发现贴附不牢很可能并非问题根源所在。为何在贴附良好的时候不会出现不适感? 是由于脉冲电流参数较为合理,那么刺痛感的出现是否就是源于脉冲电流参数的不合理? 基于这一思路,团队对脉冲电流波宽、频率等参数依次进行微调,最终发现将单次长时放电拆分为多次短时放电可以在保证放电量相同,即按摩体感基本一致的条件下有效避免针刺感。在产品落地阶段有诸多问题的成因并非存在于表象,需要利用溯因推理的方法层层挖掘,才有可能找到问题根源,进而将其解决。

第 7 章

CHAPTER 7

重新定义"快闪"——设计思维在
流量时代的新玩法

7.1 简介

电子商务经过十余年的发展,"买到"商品和服务变得越来越容易,营销的关键变成:如何找到合适的触点,让消费者"注意到""种草",从而引发用户的购买行为。互联网时代信息泛滥,线下体验的价值逐渐凸显,越来越多的品牌开始将营销重心重新聚焦于线下。

快闪店(Pop-up shop)是一种不在同一地点久留的品牌游击店,原本指在商业发达的地区设置临时性的铺位,供零售商在比较短的时间内推广其品牌,因店铺设计新颖,快闪店往往具有强客流吸引的能力,能更容易地捕获用户的注意力。此外,快闪店即插即用、低成本可测试、可闪电式扩张等灵活开店方式也受到品牌们的青睐。快闪店的种种优势,使得越来越多的品牌商家开始重视商业空间的价值。

然而,品牌商家在开设快闪店过程中,总会耗费大量的时间成本和人力成本在场地搜索、场地对接等环节上,且选择场地时缺乏判断依据,线下曝光效果无法监测,从而难以总结活动的投资回报率(ROI);另一方面,快闪店的灵活多变、高频次轮换,也对商业地产传统的招商运营体系提出了挑战。

邻汇吧是国内最早诞生的商业空间短租平台,由毕业于浙江大学的李颖翀创立。李颖翀洞察到线下流量获取难这一痛点,最先把线下零散的商业可租空间聚合化、将沉积于线下的场地信息线上化、将不同类型场地信息标准化。

截至2020年6月,邻汇吧**沉淀30000+选址注册用户、10000+合作品牌,累计服务50万+场次活动**,致力于为品牌的线下推广、快闪店和无人零售设备等线下营销活动,提供数据化选址、场地在线预订服务、活动效果监测等服务。成为**国内场地数量最多、场景最全、数据最完善**的商业空间短租平台。

在快闪店萌芽时期,邻汇吧从市场痛点出发,从设计思维出发重新定义了快闪,通过不断地市场教育,成功将快闪店这一模式转变为品牌在线下拓展的重要渠道。几经迭代,邻汇吧开发出 LOCATION MPD(线下营销采购中台)、LOCATION PMS(多经资产数据化管理工具)等匹配市场需求的定制化产品,成功引导公司业务、组织形式的扩张和升级。让我们一起来看看设计思维在此案例中的应用吧。

7.2 市场分析

7.2.1 快闪新营销的崛起

新零售背景下,技术变革,渠道和媒体融合催生新机遇,快闪新营销崛起。如今,门店不再只是卖货的渠道,更是**体验入口、获客入口**,如手机等电子产品往往会设立门店,展示产品并方便用户体验。相比之下,**快闪店**则是一种**更高效、更灵活的开店模式**(见图7-1)。

彩图效果

图7-1 商场中的快闪店

传统的线上媒体负责曝光引流,线下店铺负责销售盈利,而快闪店融合媒体和渠道的功能,以**全场景覆盖、短周期运营、近距离接触、强互动吸引**等特征,**凸显商业空间流量和体验价值**。

快闪店通过特有的"突然出现"在身边的形式,吸引客户进店产品体验,从构建认知到引发用户兴趣,从而产生购买行为,建立客户忠诚度。

7.2.2　新零售时代的流量需求

流量的争夺战,实际是注意力的争夺战。

2014年起,新互联网用户增长逐年放缓,达到了一个瓶颈,互联网头部公司的推广费用逐年提升,信息爆炸的时代,非头部的互联网平台在线上很难再闯入人们的视野,平台上的商家已经也很难通过以前的平台流量红利去抢夺用户时间,但线下流量是一块价值洼地。在消费者购物、出行、办公、居家等多种场景中,快闪店犹如一块巨型的交互式广告,让用户在脱离电子社交的环境中,闯入用户视野,捕捉用户的注意力。

门店成为销货渠道和媒体的结合,不再只是卖货的渠道,更是体验的入口、获客的入口。

实体门店注重的盈利点不仅仅是商品的销售,更是营造一个体验环境,占领用户心智。举个例子,你在商场逛的时候进入了一家小米之家,体验了店内的产品,但此时你并没有什么购买需求。接下来你回到家,发现家里的牙刷该换了,这时候你会怎么做呢? 你很可能就会打开天猫搜索小米之家,在他们的旗舰店购买一款你想要的牙刷。

快闪店——流动的门店,捕捉各个地方的流量。

在固定区域中,目标用户的流量是相对固定的,当你触及到了足够大的比例,就很难再继续以理想速度增加流量。就像出海打鱼一样,好的渔场固然重要,但鱼的再生速度总是有限的,同一个地点收网太多次,总有资源枯竭的时候。与其12个月在同一个地方开店,不如每个月都换个地方开店,这样用户流量的触达效率就一下有了显著提升。(戴森以快闪店模式迅速打开了中国市场)。

7.2.3　重新定义快闪店

最开始的快闪店,作为一种品牌的曝光行为,通常以"限定款""限时特价""体感互动"等新鲜亮眼的形式出现。在快闪店文化初期,人们有极强的意愿拍照、打卡、发布在社交媒体上引发话题热议,在网络上给品牌带来巨大的曝光,引发消费者的购买行为。

在商品信息极度透明的时代,快闪店更像是一种自由度更高的门店,也不再局限于是否有非常创意化的搭建,真正要做到的是,**如何更高效率地让更多用**

户直接体验到产品。

快闪店逐渐从粗犷型到精细化的运作,开始品效结合。开快闪店逐步不再仅仅停留在以创意搭建为驱动,网红打卡、微博和朋友圈互动为主要内容,**更强调产品体验、用户获取,甚至即时消费。**

从设计思维角度讲,快闪店的本质有了更多深刻的变化。这里的快闪店也不再局限于门店形式,也可以是商场路演、亲子嘉年华、人员地推等形式。此时的快闪店应该被更精确地定义为——**更高效的触达线下流量的营销手段。**

7.3 用户研究

7.3.1 快闪店商家类型

在前面提到过,快闪店是媒体和渠道不断融合的结果。不同的商家处于不同的成长阶段,不同的成长阶段对媒体和渠道的需求也不同。快闪店是基于商业空间内的创新媒介和渠道,快闪店场地需求方按照角色分,可分为品牌主和广告公司;按行业分可分为车展、房展、美妆、快消、互联网平台等。

1.品牌主

(1)**具备成熟线下渠道的大型品牌**:对于大品牌来说,它已经拥有了相对成熟的渠道和不错的市场渗透率,在开设快闪店的过程中,通常直接把控快闪店的创意输出,或者自营了各城市的执行团队,可直接落地执行快闪店,对于这类用户,需要解决场地的统一采买,以往传统形式为对外发布招标书,大批量地进行场地采买,多以成本最低的方案优先。

(2)**初步尝试线下渠道电商品牌**:这类品牌商家通常为淘宝系品牌,深谙线上营销的逻辑,具备线上广告投放经验,并有很强的传播意识,但因线上流量增长放缓,需要借助快闪店打开新的用户增长渠道。但因缺乏线下推广经验,从零搭建快闪店策划团队的费用高,需要通过服务商来提供快闪店试点,试水市场后再扩大。这类品牌商家具备很好的并且有很好的ROI意识,对数据回收有强烈的需求。

(3)**小品牌和小商家**:小品牌通常无法承担高额的营销费用,通常会以市集的集合形式参与主题快闪活动,例如美团的商家通常会参与美团在各个城市开展的嘉年华活动,通过平台IP聚集人气,从而达到用户增长需求。也有部分特卖商家,会按月为周期,打造"慢闪店",以此降低每日的场地租赁成本。

2.广告公司

(1)大型广告公司:在负责全案过程中,大型广告会针对快闪店选址发起统一需求,由场地渠道竞标完成场地统一采购,采购标准通常以成本价最低者决定。快闪店活动通常会横跨多个区域、省份。

(2)本土广告公司:以单次的快闪店服务居多,因经营活动聚焦本地,与当地场地方关系较为深厚,但无法承担跨区域的快闪需求。

(3)创意热店:以天与空、W等公司为代表的创意热店,构建快闪店的创意及完整传播方案,主要提供快闪店创意,落地环节需要渠道商和执行方配合。

根据不同行业分类,可分为汽车、房展、快消品、美妆行业、互联网平台等。房展快闪店有很强的区域性,汽车类快闪店由传统车展演变而来,通常以各城市4S店、经销商为主体进行活动。但传统意义上的快闪店,都缺乏数据监测环节,一般采用纸质表单,人工收集线索,手动登记顾客信息,数据统计较为主观,且难以留存。

7.3.2 快闪店商家的营销需求

快闪店根据营销目的可归纳出3种快闪类型:曝光、获客、销售。

曝光需求的客户对线下流量的关注点主要在"客流多"上,这是一种求广不求深的需求。一定规模的成长中商家期望的是通过快闪店的形式,让更多地区、更多消费者对自身品牌有所认知;而大品牌的曝光做法则往往是为了推广新系列产品并宣传品牌文化、提升品牌的公众形象。

获客需求的客户则会寻求消费者能对自己产品有更深层次理解的机会,这一类需求的客户基本上都是配有自己的线上门店及一整套产品服务的。他们的目标在于带给消费者更好的产品体验,使之深入人心,真正的买卖成交环节往往会延迟并转移到线上进行。

销售需求的客户大多更加迷你,甚至很多产品体系还没有完全成型。对于他们来说,实打实在现场完成流量转化收益才是最适合他们当时资金状况的选择。当然,大型商家也会提供现场销售的服务,只不过这些服务并不是主角。

针对不同的营销需求,客流量和人群画像都是很基础的指标,需要匹配合适的营销场景。然而,商家在实际操作时,依然存在不知道应该选择哪个场地的痛点(见图7-2)。

■ 行业现状：未能充分洞察品牌对商业空间的价值利用

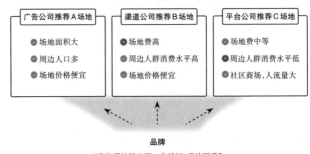

图7-2　快闪行业现状

7.3.3　重新计算商业空间价值

作为场地的供应方，在这场租用的交易中占据了相对强势的位置。商业地产本身是经过完善营业规划的，那些在快闪店看来可以利用的空地，在商场一开始的规划中就属于闲置或者缓冲人流的。在快闪店浪潮之前，这部分出租对于整个购物中心项目来说是规划之外的部分。

日益增长的快闪店落地需求，让以商业空间短租为代表的多种经营收入成为商业地产经营的重点之一，快闪业态也为商业地产行业带来生机。购物中心场景是快闪店最大的孵化基地，同时，快闪店为购物中心带来**增收引流**的惊喜。据统计，2016—2019年购物中心多种经营年收入平均增幅为34%，场地定价浮动不大，但快闪活动场次逐年增长（见图7-3）。

■ 以商业空间短租为代表的多种经营收入成为商业地产经营重点

数据来源：国内一二线城市50+商业地产项目多经收入增速调研数据

图7-3　商业地产经营收入

然而，物业方依然只获得品牌方花费的租金的一小部分（见图7-4），未能充分洞察品牌对商业空间的价值利用。

行业现状:物业方只获得品牌方花费的租金一小部分

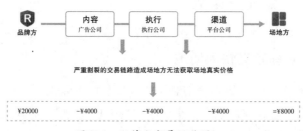

图7-4 品牌方交易链路图

一个场地的定价通常会考量场地本身的自带客流量、周边客群平均消费水平、场地面积的大小,位置是否核心等因素。然而品牌面对多方场地推荐时,还需要有一套完善的解决方案,帮助购物中心去做商家引入、快闪店活动效果的监督与反馈、活动档期的完善管理。

以往要落地一家快闪店,品牌方会通过广告公司、执行、渠道、再到场地端获取场地资源,严重割裂的交易链路造成场地方无法获取场地真实价值,中间商赚差价现象严重,且场地方定价没有标准,不确认自己的场地能产生多大的价值,凭以往经验和人情进行场地定价。

日益增长的快闪需求导致购物中心多经档期紧张,甚至出现档期冲突的情况,如同一个场地有多家品牌想要入驻,究竟该引入哪个活动才能为项目带来最大的引流,与购物中心的商户达到互利共赢的效果。以往商业地产的运营重心在门店招商和管理上,对于多经场地的经营上尚属空白。决策层(店总痛点)租金抽成增收,管理层、执行层都存在不同的痛点,亟待解决(见图7-5)。

图7-5 快闪运营的多层痛点

127

7.4 产品定义及原型

7.4.1 重新定义快闪场地

快闪店的快速崛起势必带来对快闪场地的巨大需求——场地承载的,是无数未转化的流量。在邻汇吧这个案例中,"快闪场地"是重要的产品要素。

针对这个问题,我们需要搞清楚快闪店的根本目的:高效地去触达线下流量。线下流量是它的触达目标——开快闪店的地方,线下流量越多越好。**换句话说,线下流量的聚集地才是快闪场地真正应该被定义的区间**。因此我们可以得出一些结论:首先,商场空地属于但并不等同于快闪场地;其次,快闪场地的场景并不该被局限,**所有包含了巨大人流量的场地在合适的条件下都可以作为快闪场地**,例如地铁站闸口、写字楼长廊等。

7.4.2 场地资源整合——商业空间短租平台

根据我们对快闪场地定义的扩展:**快闪场地必须具备自带客流量的属性**,传统快闪店选址通常以大型购物中心的中庭为主,然而线下商业空间里还存在被"忽视"的流量洼地。

邻汇吧创始人李颖翀首次将快闪场地拓展到了写字楼、社区、交通枢纽、商场连廊、学校、影院等场景中。快闪场地被重新定义后,快闪场地发掘和租赁的市场就被进一步开放在邻汇吧面前了。当洞察到品牌线下推广、快闪店落地的痛点,以及多经管理难,审批流程繁琐之后,邻汇吧初代商业空间短租平台诞生。

一方面,它要给商家提供足够多的选择,能租到自己想去的场地。首先,快闪店营销的产品有不同的特点和用户定位,这就要求线下的快闪场地有对应的人群流量和人群画像。例如在商业区的商场,亲子出现的流量更大;而在大学城的商场,大学生人群占比更大。其次,不同的场景下流量的转化效率是不同的,例如地铁站更适合求曝光的客户,而商场中庭则更适合深入的产品体验。另外,在客户挑选场地时,必须有足够的选择空间,这就要求同类场地资源的可选择性足够多。

另一方面,平台要与所有能提供快闪场地的商业地产商达成良好的合作关系,进而实现双赢。在这场利益合作与博弈中,商业地产商一方掌握着基础的流量,而其兑现的方式则是通过收取相应的租金;平台一方则掌握着租金的订单来源和快闪店带来的更多流量转化附加值。

平台创立之初,邻汇吧通过搭建资源拓展团队,将线下的场地信息采集回收,统计与场地相关的关键指标,例如场地日均客流量、周边设施、活动可用面积等。通过与场地主签约,设定场地价格,完成场地的上架。短租场地信息都可在邻汇吧APP和官网直接搜索查看,品牌方可直接进行下单,订单通过APP可直接通知到物业端,场地方即可在线审核,完成接单。

当这样的模式在单点城市跑通后,邻汇吧开始在全国一线城市设立分支机构。李颖翀发现那些每年做很多场快闪店的品牌都会以一线城市的热门购物中心为活动场所,而这类品牌正是场地供应方所期待的优质商家,能为商场本身引入新的流量,而不仅仅是场地本身提供流量资源。在邻汇吧形成规模网络后,场地供应方更愿意将场地上架平台,对需要开快闪店的客户来说,带来了货比三家的下单体验和更高性价比的场地资源,这又能促进订单的增加,从而形成与场地资源提供之间的良性循环(见图7-6)。

图7-6 邻汇吧场地库介绍

7.4.3 借力线下自然流量实现邻汇吧平台用户增长

邻汇吧这样的平台,属于采购在线上,交付在线下的服务平台。对于有场地搜索需求的商家来说,可以顺着产品逻辑,通过"搜索场地→查看展位→挑选场地→预订场地→到场活动"的步骤进行场地采购。但对于更多的未被市场"教育"的商家来说,会亲自前往想要做活动的场地踩点,去物业前台、办公室等场所直接找到负责人要求租场地进行活动。

针对这类现象,邻汇吧在商业地产的物业方办公室铺设了具体物料,包含邻汇吧小程序的"预订码",商家无需搜索,直接扫码填写商家信息,就可以下单对应所在的场地。同时,邻汇吧设计了邀请有奖的机制,场地管理员引导用户注册邻汇吧,使用邀请码即可让用户获得补贴,同时场地管理员也能获得邀请奖励,这极大地促进了平台用户的自然增长,"经朋友介绍"的商户占比达到75%以上。

7.5 产品迭代及团队组织优化

7.5.1 品牌端:LOCATION-MPD(线下营销采购中台)

前文我们提出,快闪店真正的核心在于更高效的流量获取,想要更高效的触达线下流量,快闪店所处的场景的客流量、客群的年龄、性别、消费水平构成了快闪店营销能否奏效的关键点。怎样的场地有更好的活动效果? 从哪些维度评估活动效果? 解决的核心是:流量池+雷达,找到高ROI的场地。

有了强大的场地资源做支撑,邻汇吧作为租赁平台的服务才能正式开展。每次快闪店活动,邻汇吧平台都会详细记录推荐、预订、落地、回访的数据,初期阶段,由客服人员回访获取商家的活动效果,包括客流数量、成交金额、对场地端服务的评价,这些数据在后来已经成为一方数据的重要沉淀。邻汇吧在过去5年里累计完成了50万场次以上的活动,仅2019年就承接了4万多次推荐需求,为了了解每次活动的活动效果,完成了16000次的用户回访,用户的自主评价大约80000个。

通过不同的快闪活动,形成最初的场地人群画像,当得知某个场地的女装售卖效果明显优于其他同类场地时,场地会被标记上"宜女装售卖"的标签,后续再有同类型的商家需要场地,在场地推荐列表上,该场地将被优先推荐。这是邻汇吧最早期的"推荐算法"。

但是这样的匹配效率依然是不高的,于是邻汇吧组建起数据团队,针对快闪店的品牌方,邻汇吧推出线下营销采购中台LOCATION-MPD,真正地从品牌目标客户画像出发,匹配线下客流资源,在快闪店选址环节做到选址有数、选址有术、选址有速。

1.场地推荐

按照营销品类、需求、目的、预算进行匹配;按照商圈、项目、展位层层筛选,把这样的选址思路,生成智能算法,融入了LOCATION产品中。

邻汇吧平台高频次的灵活开店沉淀的大量数据,LOCATION工具产品IOT(物联网)硬件的布局网络,让这一切有了计算的基础。

邻汇吧以往承接了50万+场次的快闪活动,这些推荐数据以及历史订单构成了一方数据;同时邻汇吧接入第三方数据,快速了解商圈的客流数据及人群画像(见图7-7)。

图7-7　场场评估

品牌方如果在LOCATION上提交需求,就能即刻获取匹配的场地列表,同时,专业选址顾问也会同步进行场地筛选,根据人群定位、客单价、场地历史数据,为活动提供专业选址报告。

2.快闪店的效果评估,线索回收

邻汇吧还发现,不同行业的快闪需求差异巨大,需要针对不同行业提供针对性的精细化服务。例如在车展行业,通过机器视觉技术捕捉、识别顾客的身份,观测其具体停留位置、触摸哪些产品、是否与导购交流,将用户行为转化成标签数据。当用户被标记,就实现了线上线下的信息串联,销售可以提前与意向顾客取得联系,利用企业SCRM(Social Customer Relationship Management,社会化客户关系管理)、朋友圈等进行触达;当顾客来到线下门店购买时,可以提前告知销售端该顾客的偏好,以提供更精准和个性化的服务。

通过快闪店助手回收快闪店活动过程中的数据情况,包括快闪店的进店率、互动率、购买率;涉及销售环节的,还可做到全国订单的一键掌控。

LOCATION-MPD的产生,正式宣布快闪行业的数字化时代到来,集中表现在智能选址、数据留存、效果评估几个方面。LOCATION-MPD 为品牌线下营销提供了一套低成本、活动过程可监测、曝光量可计算的解决方案。在门店的价值模型发生猛烈变化的全域营销时代,商业空间价值需要重新被计算。

7.5.2　场地端:LOCAITON-PMS 多经资产数据化管理

当邻汇吧将越来越多的物业接入平台后,发现物业自主审核的订单并不多,通常需要客服不断通过电话、短信提醒,辅助审核。购物中心是快闪店高度集中且客单价极高的场景,但因场地与场地之间差异巨大,难以用一套标准进行标准化管理和定价,场地方面对不同的商家,根据不同的活动类型,报价也各不相同。而这类活动沟通谈判的过程通常发生于线下,这也在无形中增加了快闪需求在线处理的难度。

对于物业方而言,真正的诉求并不是在线处理订单,而是有更多的商家来到场地上做活动,有更多的订单来源。场地方常常会面临这些困扰:该如何根据商业空间流量价值判断做出更高效的定价? 如何高效管理活动? 于是,帮助场地方更好地做出决策成了当下要解决的问题。首先,购物中心的活动订单来源渠道多种多样,零散地接入活动,并没有形成统一的归口,对于经营的数据也没有完全汇总,难以做出科学的甄别和判断。其次,购物中心同质化现象严重,竞争激烈,对于优质的 IP 活动的引进形成了资源的争夺,只能提升引入成本或降低场地出价来吸引优质内容的快闪店的入驻。针对这些痛点,邻汇吧认为,如果能在源头上帮助物业完成多经场地的数据收集,提供一整套针对活动的管理系统,通过累积的数据,就可以有效判断引入活动是否与场地匹配,甚至估算出场地应有的价值,从而科学定价。

1.招商网络+定价,挖掘场地价值

邻汇吧针对场地方痛点,推出 LOCATION-PMS 产品,包含基础经营、流程在线、数据诊断多个模块功能,提供多经点位管理服务,以及一套进行档期管理、经营分析、客流统计、场地评估的系统,来辅助商业空间的定价。借助邻汇吧的平台资源,PMS 场地方能获得更好的招商渠道、更优质的服务体验,如图7-8至7-12所示。

图7-8　客流分析图(一)

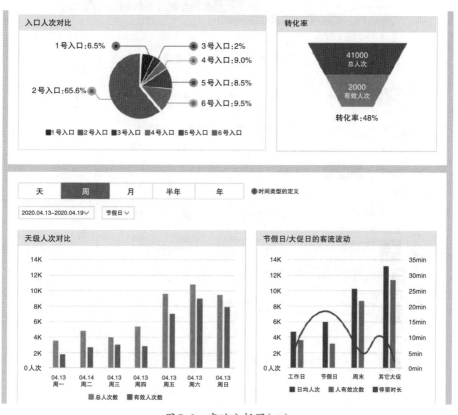

图7-9　客流分析图(二)

图7-10 场地日程安排图

图7-11 场地预订图

图 7-12　经营数据图

　　当完整的招商流程都由场地方进行掌控后,LOCATION-PMS工具就不仅仅是一个订单对接的工具,更是能提升多经场地整体运营的产品,这极大地提升了场地的在线化管理的主动性和积极性。

　　通过资源规划、经营分析、在线审批,实现了档期直观可见,消除信息孤岛,避免冲突;设置预售、竞价等多样的交易模式提升了运营效率。同样地,不同类型的场地也需要定制化的产品,如LOCATION-PMS针对盒马生鲜、超市等场景,还专门设置商超堆头管理等功能。

　　在招商渠道拓宽方面,邻汇吧通过本身平台的订单导流,为场地端定制专属的招商二维码,使一些实地进行踩点的商家,看中了某块场地后,不需要在LOCATION平台上搜索,直接扫码即可预订,并将档期归集到PMS系统中统一管理,同时"到店"扫码的用户自动也会进入CRM管理后台,成为招商的潜在用户(见图7-13)。

图7-13　客户管理体系

7.5.3　优化团队组织架构

1.全国性的规模化场地网络的构建,全国一二线城市全覆盖

在多次与客户的讨论调研之后,李颖翀洞察到,当初的快闪行业市场,最缺乏的就是一个全国性的规模化场地网络,因此不断地"开城"成为邻汇吧业务扩张的第一步。现在来看,这一举措精准地抓住了快闪店商家在快闪店场地上最痛的痛点。

在场地需求中,大多数的需求来自于跨城活动的商家,失去了熟悉的本地场地资源,面对跨城市的快闪店,落地难度陡然增大。在整个完整的快闪店活动中,如果当前的场地供应商缺乏某几个城市的场地资源,品牌就需要寻找另外的场地供应商,这增加了快闪店落地难度和繁琐程度。

邻汇吧在杭州创立,在单点城市跑通模式后,即派小分队先后前往上海、深圳、北京、广州建立分公司,完成全国一线城市的资源覆盖。在形成全国覆盖网络后,单点城市除了接触到本地品牌的场地需求外,还接收到越来越多来自大品牌的客户的全国快闪店落地需求。

现在邻汇吧在北京、上海、广州、深圳、杭州、成都、青岛、南京等15个核心城市都有直营团队分布,在非直营城市,也有专门的沟通渠道。除了满足选址需求,在活动方的报批、进场、落地环节,邻汇吧的伙伴也能陪同、跟进、及时解决问题。

2.全国资源事业部建立,提升资源调配效率

随着邻汇吧规模的不断扩展,目标用户及其需求愈发清晰,这对邻汇吧所提供的服务的考验也越来越大。初创时团队共同摸索着成立的各个部门,在后续的运行过程中,开始逐渐暴露出问题。不到两年的时间,邻汇吧就进行了两次较大的组织架构调整。而对整个调整过程的思考,又与设计思维息息相关。

典型的2C产品公司主要有三大团队构成:产品、技术、运营。产品主需求、技术主研发、运营主用户。邻汇吧一开始便是按照这种2C产品公司的组织架构推进工作的。特殊的是,作为一个平台型产品,要面对的是地产商和开店客户双边用户。于是相应地,邻汇吧的运营团队便由两部分组成:商拓团队和资拓团队。

在早期,这样的架构十分有利于其在单点城市形成资源优势:分工明确、对接效率高。但是这种优势的积累是有限的,一旦规模足够大,服务的用户和需求也会更多。这时,"业务撞车"的情况就出现得频繁起来,一开始的运营逻辑中,单点城市的场地资源拓展是为了当地的市场需求服务的,这也形成了前期各个独立城市的内部供给并消化的格局,这时候出现了需求更复杂的用户,他们要求跨城市、全国性场地共给:让单点的城市变成节点,一个个节点连起一张覆盖性网络。

面对"业务撞车",邻汇吧如何抉择呢?从邻汇吧的战略布局来看,场地资源"多"的核心优势就是能满足更高层次的需求,其中当然包括针对单点场地提供多种选择和针对多点场地提供系列选择。从市场竞争力的角度看,满足跨城市需求是邻汇吧区别于其他竞品的核心竞争力体现。通过对需求的权衡和产品核心的思考,邻汇吧成立一个资源事业部,专门服务于跨城市的用户需求,统一管理全国巡展需求。当接到品牌商家的全国巡展需求,集中汇总信息,协调各城市场地资源,给出推荐列表清单,提升资源的调配效率。

3.算法团队的组建,搭建了自主数据平台,能够基于ROI进行选址

邻汇吧认为线下商业空间的价值也是可以被计算的。2020年邻汇吧正式自主搭建数据团队,聘请算法专家领衔邻汇吧算法团队,通过数据沉淀,不断优化选址模型。品牌方提交快闪店需求,先知系统就能预估不同场地上的收益水平,进行活动效果预测(见图7-14)。通过不断比较,筛选出最优的场地组合方案,真正让线下流量获取更轻松、更精准(见图7-15)。

图 7-14　先知系统图

价值对比

图 7-15　场地评价系统图

7.6 设计思维流程的运用与梳理

在这个商业案例中,设计思维的树形结构仍然能发挥作用。(见图7-16)

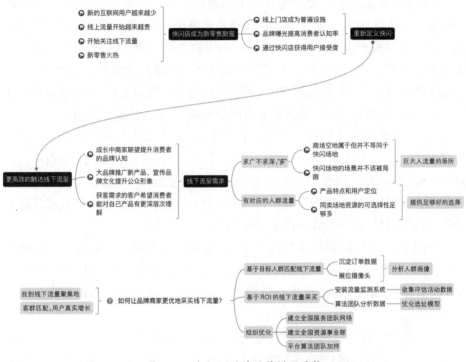

图7-16 邻汇吧设计思维树形结构

(1)当线上流量越来越贵,品牌将目光聚焦线下获取流量,快闪店成为品牌作为线下营销的重要方式,成为获取线下流量的重要渠道,我们发现了快闪店的新定义:"更高效地触达线下流量,通过体验种草引发用户购买,实现用户增长。"

(2)那如何实现更高效的触达? 如何实现用户增长? 通过对商家需求的分析,发现快闪店的核心目的已经从品牌活动向市场策略转变,品牌不再单单把快闪看成一场简单的SHOW,更关注实际用户数据的增长,活动的投入产出比。不管是高大上的快闪店,还是品牌地推活动,我们进一步明确了商家对线下流量的两大需求:"找到线下流量聚集地"和"客群匹配,用户真实增长。"

(3)如何能让商家找到线下流量聚集地? 邻汇吧首先明确构建了一个"商业空间短租平台",把线下场地信息线上化。邻汇吧往不同的城市分派人员,将线下流量资源按城市、按场景进行分类,规范场地信息,上架邻汇吧APP和官网。实现初步的场地聚合后,商家无需踩点,直接在邻汇吧平台就能搜索、查看展位面积,客流量等场地信息,并且能在线上直接预订,满足商家第一层的"买得到"的需求。

(4)如何才能让资源更好地在邻汇吧聚合？通过调研发现,购物中心招商部门的营收指标逐年上涨,而对多经场地经营尚属空白,缺乏管理体系。邻汇吧通过打造多经资产管理工具(LOCATION-PMS),源源不断地输送快闪活动需求至场地方,以"互利共赢"方式,与全国购物中心等商业综合体建立深度合作,并将展位管理、档期管理、活动审批、经营数据报告等功能植入PMS,帮助多经管理者拓宽场地方的招商渠道,提升商业空间的价值,规范线下流量供给。

(5)那么如何让品牌商家更优地采购线下流量？邻汇吧平台沉淀了大量的订单数据,以及历史场地评价等一方数据,再结合商业巨头的LBS(Location Based Services,基于位置的服务)、场地方的展位摄像头,得以分析商圈周围的人群画像,品牌商家通过线下营销采购中台(LOCATION-MPD)可以基于目标人群匹配线下流量,实现对线下流量的更优采购。

(6)同时,在快闪活动落地过程中,商家通过在快闪店内安装客流监测系统,收集活动数据,评估本次快闪活动效果。而此类数据将由算法团队分析,反哺LOCATION系统,用于优化选址模型,帮助实现达到基于ROI的线下流量采购。

(7)在持续运转过程中,邻汇吧通过组织优化,建立起全国的服务团队网络,撑起全国巡展需求;建立全国资源事业部,统一调配,提升匹配效率。后期平台算法团队加持,训练优化选址模型,使用户提交需求即可输出基于ROI的场地推荐列表,真正让线下流量获取更轻松、更精准。

第 8 章

CHAPTER 8

总结与展望

众所周知,设计思维在不同的学科中变得越来越流行,这也导致在大部分人眼里,它确切的含义变得越来越模糊。如今,"设计思维"这个术语被用于许多不同的方法和应用。有些人认为设计思维仅仅是一种方法的工具箱,而另一些人则认为它是决定设计师如何思考和行动的思维方式的总称,还有一些人认为它是在商业中取得创新和成功的秘籍。[3]这也就导致现在有一种说法:"如果这种方法一直被宣传为一种万能的解决问题的工具,那么这种方法就会变得毫无意义。"我们非常认同这样的观念。于是我们花了三年多的时间一直在研究设计思维,探寻其本质,找到它最合理的解释和使用方法。经过本书的介绍,我们相信大家会对设计思维有更加全面的认知,了解设计思维真正的内核与背后的理论支撑。在我们看来,之前的那些看法事实上都可以说是正确的,只不过它们都是设计思维从某一个视角看的一个特征。

1.设计思维是一种方法的工具箱

由于设计方法贯穿在设计思维流程的始终。在设计前期调研,无论是情景地图、文化探析、用户观察,还是问卷调查、焦点小组、用户旅程地图,这些方法都是在为问题的探究提供有效信息源,从而帮助设计师拆解、推演出有效的解决方案。在设计问题定义和拆解中,用户画像、需求清单、故事板等方法能够有效地帮助我们去聚焦问题的核心,顺利拆解问题。在进行方案设计时,我们又可以使用头脑风暴、5W2H、用户参与式设计等方法帮助我们更好地产出方案。而在方案测试、评估时,产品可用性评估、EVR决策表等方法能够更好地帮助我们测试方案的有效性等。所以从这个角度来说,设计思维的确是一组工具箱,帮助人们更好地去获取信息,拆解问题,测试方案。

2.设计思维是决定设计师如何思考和行动的思维方式的总称

设计思维原本的意义可能就是如此,它揭示了设计师思维活动过程中的特点:以用户为中心、溯因推理和整合创新。本书大部分的内容就是在阐述设计思维的这几个特征。

3.设计思维是在商业中取得创新和成功的秘籍

从微观角度来说,商业的本质是价值创造与交换。而促成价值交换的核心要点是满足用户的需求。设计思维天生就具有洞察用户需求的能力,而且能够创造性地满足这些需求。所以某种程度上,我们也可以说商业的核心就是设计思维。大家都知道,马斯克的"第一性原理"思维可以造出电动汽车,可以把火箭发射成本降低到原先的百分之一,带来商业上的巨大成功。第一性原理,是古希腊哲学家亚里士多德提出的一个哲学术语,他认为每个系统中存在一个最基本的命题,它不能被违背或删除。第一性原理是决定事物的最本质的不变法则。在我们看来,第一性原理换句话说,就是抓住核心本质的问题。如果我们拿设计思维的溯因推理的特性去看,不断地使用溯因推理去层层分析,拨开问题的外表,直抵本质,不就是第一性原理的特性吗?所以,设计思维如今变成管理学、商学中炙手可热的概念和方法,并不令人意外。

如今,很多专家学者呼吁要扩大设计的内涵和范围,形成所谓的"大设计"。从设计思维的角度来看,广义的设计思维解决的是所有人类会遇到的抗解问题。解决这类问题必须要整合各种学科的知识并加以运用,从而解决现实生活中一个又一个抗解问题。这就是设计作为新时代的"博雅学科"所肩负的使命。我们也希望读者阅读完本书后,能够对设计思维有个更加全面和系统的认识,并将其运用在实际生活中,帮助自己更好地生活、工作,为社会带来创新与价值。

从解决问题的角度看,设计思维的确能够解决当今许多问题,并利用其中的机会带来创新。但是大多数设计思维过程中缺少对遥远未来的展望。如果我们仅仅通过用户旅程地图、同理心地图、最小可行产品(MVPs)等来解决今天的挑战,我们就可能不会关注到遥远的未来,因为我们如今面临的问题,是当前的需求产生的,在未来,环境、文化、场景可能都会改变,那么需求可能也随之改变。所以这里的关键在于:为了打破常规,创造我们渴望生活的未来,我们不能仅仅为今天的需求而设计,我们要面向未来,做出前瞻性的思考和设计。所以设计思维必定需要具有解决未来的需求、未来的问题的能力,否则很有可能就会失去它的价值。而这个未来的设计思维,可能就包括来自战略预见和未来重铸的工具和方法,例如场景规划、上下文图和趋势图等。在这个方面,我们也才刚刚开始,需要我们共同去探索、发掘和创造。

参考文献

[1]路甬祥.设计的进化与面向未来的中国创新设计[J].全球化,2014(6): 5-13,133.

[2]辛向阳.交互设计:从物理逻辑到行为逻辑[J].装饰,2015(01):58-62.

[3]Porter M E. Technology And Competitive Advantace[J]. Journal of Business Strategy, 1985, 5(3): 60-78.

[4]Junginger, S.Design in the Organization: Parts and Wholes[J].Design Research Journal, 2009, 2 (9): 23-28.

[5]Simon H A, Laird J E. The Sciences of the Artificial, Reissue of the Third Edition with a New Introduction by John Laird [M]. Illustrated edition. Cambridge, MA: The MIT Press, 2019.

[6]Cross N. 设计师式认知[M].任文永,陈实,沈浩翔,译.武汉:华中科技大学出版社,2013.

[7]Buchanan R. Human Dignity and Human Rights: Thoughts on the Principles of Human-Centered Design[J]. Design Issues, 2001, 17(3): 35-39.

[8]Buchanan R. Wicked Problems in Design Thinking[J]. Design Issues, 1992, 8(2): 5.

[9]Buchanan R. Introduction: Design and Organizational Change[J]. Design Issues, 2008, 24(1): 2-9.

[10]田中浩也.FabLife[M].梁琼月,潘玉芳,张宇,译.北京:电子工业出版社,2015.

[11]骆迎秀.皮尔斯溯因推理探析[J].内蒙古农业大学学报(社会科学版),2007(05):239-241.

[12]赵江洪.设计和设计方法研究四十年[J].装饰,2008(09):44-47.

[13]Jones J C. Design Methods[M]. 2nd. New York: Wiley, 1992.

[14]Rittel H W, Webber M M. Dilemmas in a general theory of planning [J]. Policy sciences, 1973, 4(2): 155-169.

[15]布鲁斯·布朗,理查德·布坎南,卡尔·迪桑沃,等.设计问题(第一辑)[M].辛

向阳,孙志祥,代福平,译.北京:清华大学出版社,2016.

[16]蒂姆布朗.IDEO,设计改变一切[M].侯婷,译.沈阳:北方联合出版传媒(集团)股份有限公司,万卷出版公司,2011.

[17]IDEO. IDEO Method Cards[M]. William Stout, 2003.

[18]Nussbaum B, Nussbaum B, Nussbaum B. Design Thinking Is A Failed Experiment. So What's Next?[EB/OL](2011-04-05)[2017-11-08]. https://www.fastcompany.com/1663558/design-thinking-is-a-failed-experiment-so-whats-next.

[19]Vinsel L. Design Thinking Is Kind of Like Syphilis — It's Contagious and Rots Your Brains[EB/OL](2020-08-03)[2020-11-08]. https://blog.usejournal.com/design-thinking-is-kind-of-like-syphilis-its-contagious-and-rots-your-brains-842ed078af29.

[20]Vinh N J and K, Two Top Designers Debate the Value of "Design Thinking"[EB/OL](2019-10-22)[2020-11-08]. https://www.fastcompany.com/90411683/two-top-designers-debate-the-value-of-design-thinking.

[21]佚名.如何自学工业设计?[EB/OL][2020-11-07]. https://www.zhihu.com/question/20430378/answer/56397654.

[22]佚名.什么是设计?设计的本质是什么?[EB/OL][2020-11-07]. https://www.zhihu.com/question/19581185/answer/154065649.

[23]佚名.Mojave是macOS一次真正「Mac」式的更新[EB/OL][2020-11-07]. https://www.xuehua.us/a/5eb991ff86ec4d7f4cf030e8.

[24]艾伦·库伯,罗伯特·莱曼,戴维·克罗宁,等.About Face 4:交互设计精髓[M].倪卫国,刘松涛,杭敏,等,译.北京:电子工业出版社,2015.

[25]张展,王虹.产品改良设计[M].上海:上海画报出版社,2006.

[26]戴力农.设计心理学[M].北京:中国林业出版社,2014.

[27]戴力农.设计调研[M].电子工业出版社,2014.

[28]Lidwell W, Holden K, Butler J. 通用设计法则[M].朱占星,薛江,译.北京:中央编译出版社,2013.

[29]代尔夫特理工大学工业设计工程学院.设计方法与策略[M].倪裕伟,译.武汉:华中科技大学出版社,2014.

[30]佚名.溯因推理[Z/OL].(2020-01-29)[2020-11-13]. https://zh.wikipedia.org/w/index.php?title=%E6%BA%AF%E5%9B%A0%E6%8E%A8%E7%90%90%8

6&oldid=57894528.

[31]Slater K. Human Comfort[M]. Springfield, Ill., U.S.A: Charles C Thomas Pub Ltd, 1985.

[32]RICHARDS L G. ON THE PSYCHOLOGY OF PASSENGER COMFORT[EB/OL]. HUMAN FACTORS IN TRANSPORT RESEARCH EDITED BY DJ OBORNE, JA LEVIS, 1980, [2021-01-24]. https://trid.trb.org/view/246088.

[33]佚名. Virtual Comfort Evaluation as a New Paradigm of Health and Safety in Industrial Engineering[EB/OL]. Industrial Engineering & Management, 2013, 02(05)[2021-01-24]. http://www. omicsgroup. org / journals / virtual-comfort-evaluation-as-a-new-paradigm-of-health-and-safety-in-industrial-engineering-2169-0316.1000e119. php? aid=19160. DOI: 10.4172 / 2169-0316.1000e119.

[34]佚名.博雅教育[Z/OL].(2020-09-26)[2020-11-07]. https://zh.wikipedia.org/w/index.php?title=%E5%8D%9A%E9%9B%85%E6%95%99%E8%82%B2&oldid=61962601.

[35]卡尔T.乌利齐.产品设计与开发[M].北京:机械工业出版社,2015.

[36]柳冠中.设计方法论[M].北京:高等教育出版社,2011.

[37]Stackowiak R, Kelly T. Design Thinking Overview and History[EB / OL]. [2020-09-23]. https://doi.org/10.1007/978-1-4842-6153-8_1. DOI:10.1007/978-1-4842-6153-8_1.

[38]Hoolohan C, Browne A L. Design Thinking for Practice-Based Intervention: Co-Producing the Change Points Toolkit to Unlock (Un)Sustainable Practices [J]. Design Studies, 2020, 67: 102-132.

[39]Cross N. A Brief History of the Design Thinking Research Symposium Series [J]. Design Studies, 2018, 57: 160-164.

[40]Dorst K. The Core of 'Design Thinking' and Its Application [J]. Design Studies, 2011, 32(6): 521-532.